*Dessert makes people happy.*

3步驟讓家常蛋糕很上相的裝飾靈感

# 蛋糕小時尚！

Sweet Betty西點沙龍 ──著

# 目錄

008　作者序
009　閱讀說明

010　**Before 製作蛋糕之前**
011　製作蛋糕前，必知的7件事

030　**裝飾蛋糕前的6種基礎奶油餡**
031　A 鮮奶油奶餡
034　B 焦糖醬
035　C 甘納許
036　D 凝乳
037　E 起司奶油餡
037　F 糖霜

038　**裝飾蛋糕前的5種基礎花嘴**
039　擠花袋的使用方式
041　常用花嘴與樣式
044　鮮奶油霜塗抹方式

## Part1 戚風蛋糕與裝飾

- 050　如何成功打發蛋白？
- 052　戚風蛋糕製作
- 056　戚風蛋糕製作常見問題

**058　3步驟完成！戚風蛋糕裝飾靈感**

Recipes
- 060　覆盆子鮮奶油戚風蛋糕
- 063　雪花抹茶戚風蛋糕
- 066　雙色戚風蛋糕
- 069　白巧克力紅茶戚風蛋糕
- 072　焦糖戚風杏桃蛋糕
- 075　堅果楓糖戚風蛋糕
- 078　檸檬糖霜戚風蛋糕
- 081　糖漬橙香戚風蛋糕
- 084　點金巧克力戚風蛋糕
- 088　點點藍莓波士頓派

# Part2 海綿蛋糕製作與裝飾

- 094　如何成功打發全蛋？
- 095　海綿蛋糕製作
- 098　瑞士卷製作
- 101　海綿蛋糕製作常見問題

102　3步驟完成！海綿蛋糕裝飾靈感
Recipes
- 104　夏日芒果鮮奶油蛋糕
- 108　焦糖香蕉鮮奶油蛋糕
- 112　戀戀巧克力蛋糕
- 116　粉紅莓果蛋糕
- 120　綠意哈密瓜鮮奶油蛋糕
- 124　蘋果花鮮奶油蛋糕
- 128　咖啡巧克力杯子蛋糕
- 131　焦糖堅果瑞士卷
- 134　芋泥瑞士卷
- 138　烤杏仁黑糖蛋糕卷
- 142　杏桃蜂蜜抹茶蛋糕

# Part3 磅蛋糕製作與裝飾

- 148　如何成功打發奶油？
- 149　磅蛋糕製作
- 151　磅蛋糕製作常見問題

152　3步驟完成！磅蛋糕裝飾靈感
**Recipes**
154　維多利亞蛋糕
157　橙香起士蛋糕
160　鳳梨翻轉蛋糕
163　花漾檸檬奶餡磅蛋糕
166　白巧克力紅茶磅蛋糕
169　蝴蝶翩翩杯子蛋糕
172　柔粉雙莓杯子蛋糕
175　覆盆子白巧瑪德蓮
178　巧克力奶酒瑪德蓮
181　森林莓果巧克力磅蛋糕

## Part4 喇喇就好的蛋糕製作與裝飾

186　3步驟完成！喇喇蛋糕裝飾靈感
**Recipes**
188　冰淇淋喇喇蛋糕
191　抹茶喇喇蛋糕
194　椰香巧克力喇喇蛋糕
197　巧克力小熊喇喇蛋糕
200　雙色藍莓喇喇蛋糕
204　提拉米蘇喇喇蛋糕
207　珍珠項鍊喇喇蛋糕
210　水果鮮奶油喇喇蛋糕
213　抹茶巧克力喇喇蛋糕

216　附錄：甜點製作與素材查找表
218　結語‧裝飾心得小提點

# 作者序

家庭烘焙之事對我來說，除了富足了口慾，也填滿了媽媽對家人的關心，慎選食材再挹注滿滿的愛，雖然是小巧樸實的蛋糕，卻是媽媽一關一關篩選食材下的關愛而產出的。

而今烘焙也成了許多人的紓壓工具，在攪拌麵糊、揉捏麵團時的專注會將所有的喧囂、雜擾暫時拋諸腦後，只讓雙手沉浸在操作奶油、糖、蛋、麵粉的單純愉悅中。

當然，烤出成功的作品，是令人開心的，不然，這壓力不但沒抒發，懊惱失望反而還更大呢！之前Betty第一本著作「搶救烘焙失誤」承蒙大家的厚愛，屢屢收到讀者朋友們捎來烘焙成功的喜悅與漂亮的成品照，一再感謝書中失敗案例一一的詳細解析，大量成功與失敗品的對照圖片徹底破解了烤焙失敗的原因，以及諸多烘焙小撇步的分享，讓大家重新感受到出爐時的雀躍。

現在除了成功烤出美味蛋糕外，我們再更進一階來思考如何運用天然水果、風味乳製品、健康堅果、新鮮香草…等自然食材，儘量摒棄防腐劑、添加劑、化學色素…等人工添加，讓樸實的家庭手作烘焙也能有雅緻、上相的小時尚裝飾。

每一顆蛋糕就像一塊畫布，每個人都能盡情揮灑作畫、盡情表現自身對美的觀感與想像，或許，剛開始的你不知該如何下筆（擺飾），不知該如何著色（妝點），期許這本拙作能提供你一些參考與想法，從模擬開始到游刃有餘地畫出有自己特色的美美蛋糕畫布。

## Introduction
# 閱讀說明

★ 本書使用雞蛋尺寸淨重約為50g左右。

★ 1大匙 =15ml
　1小匙 =5ml
　1/2小匙 =2.5ml
　1/4小匙 =1.25ml

★ 本書使用的細砂糖除了特殊指定外，皆為日本上白糖或三溫糖。

★ 書中使用的植物油為葡萄籽油或是玄米油，讀者亦可替換成其他種類植物油，只要氣味不要太過強烈以至於遮蓋了蛋糕風味或是習慣的風味皆可。

★ 此書使用的是瓦斯烤箱，要是依指定時間烘烤後還是未熟透，請再延長烘烤時間，每次延長以5分鐘計。若每次都需延長時間，則將溫度調高10℃試試，相反的，若每次都比指定時間還要快烤熟、烤出焦色，則請調降10℃試試。烤箱加熱溫度、烘烤時間需視烤箱機種而定，本書所列僅供參考，實際狀況請視各廠牌機種調整。

# Before
# 製作蛋糕前，必知的7件事

想做出美美又好吃的蛋糕，有些注意事項甚至是觀念，
我們先花點時間了解熟悉一番，有助於增加烘焙成功的機率。

## 1. 請依食譜正確選用食材且精準秤量

有些朋友一看到食譜，覺得奶油或糖太多、有加泡打粉，就不管三七二十一，
直接先砍半或乾脆不加。其實，每道食譜配方都有它的用意在，建議先照著
食譜做一次，再試試風味及口感是否喜歡、是否接受，之後再來變更食材，
如此成功的機率才會提升。另外，食材秤重時務必「斤斤計較」，因為這可是
左右著蛋糕是否烤焙成功的重大關鍵因素之一。

## 2. 請熟讀「事先準備事項」並確實做到

開始烘焙前，務必熟讀且遵守每道食譜的「事先準備事項」，例如：使用常溫
雞蛋，就需將雞蛋事先拿出冰箱退冰；或讓奶油恢復常溫、奶餡放涼、烤盤鋪
紙…等動作。這些重要的動作如果沒確實做到或被略過了，都可能讓烤出來
的成品功虧一簣。

## 3. 一定要先預熱烤箱

在烘焙之前,一定要記得打開烤箱先做預熱。一般家用烤箱預熱至食譜指定溫度約莫需10-20分鐘不等,且預熱時,溫度請高於食譜所指定溫度10-20℃,等麵糊放入烤箱後,再調回食譜指定溫度。也就是說,若食譜指定要用180℃烘烤,預熱期間的烤箱溫度請設定190-200℃,等麵糊放入烤箱後,再將溫度轉回180℃。這是因為麵糊本身是常溫的,且烘烤時得開關烤箱門,會讓家用烤箱溫度下降10-20℃左右,然而,每台烤箱狀況不同,請細心觀察自家烤箱狀況來做調整。

對了,如果烤箱不預熱會有什麼狀況呢?從低溫開始烤焙,會導致得花較長的時間才能烤熟糕點,糕點口感就因此變得較乾;而烘烤時間過長則會讓糕點過於上色,所以烤箱一定要先預熱才行喔。

## 4. 烘烤期間請隨時注意蛋糕上色狀況

家用烤箱或多或少都存在著火力不均的狀況,因此適時取出蛋糕掉頭是有其必要性的。而比較高的蛋糕,例如戚風,因為離上火較近,所以烘烤期間上色很快,這時可拿張錫箔紙覆蓋在糕點表面,即可避免表面焦黑。

## 5.常用烘焙器具的購買參考

走一趟烘焙材料行，會看到林林總總的烘焙器具陳列，似乎買也買不完，但是總有些基本款是必備的，這裡依重要性及本書會用到的器具做順序排列，供大家購買時參考用喔。

**重要性★★★**：建議必須添購的烘焙器具
**重要性★★**：有的話，烘焙工序能更輕鬆順手
**重要性★**：依預算來斟酌添購

**★★★烤箱及烤箱溫度計**：擁有一台控溫精準、恆溫性佳的烤箱是開啟家庭烘焙的第一步，但市售烤箱種類、尺寸繁多，有瓦斯烤箱、電烤箱、旋風烤箱…等，甚至是專業級大烤箱，建議大家依預算、使用空間以及個人偏好品牌…等考量添購。

由於每台烤箱都有自己的脾氣，建議第一次烘焙時先依食譜所陳述之烤溫、時間來烘烤，藉以了解烤箱火力狀態，例如：蛋糕表面上色太快，那下次上火就減個10-20℃看看；若是蛋糕底部太焦黑，那下次下火就再降溫或縮短時間，唯有不斷的細心體察、一次次的微調火力以熟稔自家烤箱的脾氣，這樣才能與自家烤箱磨合出最佳默契。另外，特別建議大家添購烤箱內的溫度計，藉以精確測量出烤箱內的實際溫度，畢竟各家烤箱都存在著溫差。

★★★**定時器**：Betty自己就有好幾個定時器，不論烘烤時間的計時、浸泡食材的時間提醒…等，適時的嗶嗶聲提醒真的幫助很大。

★★★**打蛋器**：建議選購重量輕巧、有彈力、握起來順手的，而且最好添購兩隻，大小尺寸各1隻。大隻約29-30cm，用於打發雞蛋、鮮奶油以及大範圍攪拌。小隻約24cm，用於攪拌奶油餡、燙麵糊，如此可以輕易刮拌到鍋緣，以免焦鍋。

★★★**電子秤**：建議大家選用能秤重精準單位至g（克）的電子秤，當然如果能秤重單位到0.1g（克）那更好。有了這精準神器相助，那就請務必將每樣食材確實地秤重。

★★★**手持電動攪拌器**：良心建議這個預算千萬不要省，有了手持電動攪拌器可幫助你輕輕鬆鬆，手不痠、氣不喘、臉不綠地成功打發雞蛋及鮮奶油。但若預算充裕的話，添購桌上型攪拌機或是食物調理機（Food processor）在烘焙工序上絕對能更省時省力。

★★★**不鏽鋼製鋼盆（調理盆）**：市面上的不鏽鋼製鋼盆尺寸很多，可依習慣、預算來添購多個，但是最基本的19-20cm以及23-24cm的尺寸，是家庭烘焙最常使用到的。

★★★**網篩**：選用比調理盆尺寸小的篩子，而且濾網孔目越細越好。若可以的話，私心建議選用掛耳式，不僅篩粉類便利，連過濾液體也方便。另外，裝飾甜點時的糖粉、可可粉、抹茶粉，則建議用迷你尺寸的網篩，或用罐裝的篩器也可以，罐裝篩器的好處是用完隨即可密封保存。

**★★★量匙**：不論是不鏽鋼、塑膠材質皆可，但是一定要選購至少含下列4種公制單位的量匙才完整。

1大匙 = 1 Tablespoon（1 tbsp）= 15ml
1小匙 = 1 teaspoon（1tsp）= 5ml
1/2小匙 = 1/2 teasppoon（1/2 tsp）= 2.5ml
1/4小匙 = 1/4 teasppoon（1/4 tsp）= 1.25ml

量匙的計量皆是「平匙」計量，也就是測量粉類時，一定要將表面刮平。

**★★★刮板**：有平底及鋸齒兩種。平底有硬質及軟質，硬質刮板可切割麵團、整平蛋糕麵糊；軟質刮板則是塗抹鮮奶油時，將鮮奶油蛋糕造型成圓弧狀時使用；而鋸齒狀刮板是裝飾鮮奶油蛋糕以及巧克力塑形裝飾用。

**★★★抹刀**：有平抹刀及L型抹刀兩種。平抹刀適用於塗抹鮮奶油、平整蛋糕表面以及移動蛋糕，建議可添購6吋及8吋。若要抹平塔模裡的餡料就需要L型抹刀，較無死角也易操作。

★★★**矽膠刮刀**：請選用一體成型的矽膠（Silicone）刮刀，一來無縫隙不用擔心洗不乾淨，二來矽膠耐高溫，可便於邊加熱邊攪拌。

★★★**電子溫度計**：進行隔水加熱或是巧克力調溫時，有了電子溫度計就可正確地調溫。

★★★**烤模**：說到烤模，這絕對是烘焙路上的要命無底錢坑，加上廠商每年推陳出新諸多形狀可愛的模具，總是不斷誘惑烘焙愛好者下單。建議在家烘焙仍先以基本經典款烤模為主，甚至有些還能以一擋百當多種糕點的烤模用呢，Betty在這整理一些出來，供大家購買時參考，其餘的再視需要及預算慢慢收藏吧。

**建議先買齊這些！**
- 8吋或6吋的圓形分離烤模及不分離烤模
- 8吋或6吋的日式中空戚風模
- 25cm或20cm的方形烤模
- 磅蛋糕模（18*9*6cm，容量700ml）
- 瑪德蓮模
- 6連或12連馬芬模
- 咕咕霍夫模

★★★**烤焙墊或烘焙紙**：烘烤糕點時，為了讓糕點不會沾黏在烤盤上，烤盤上要鋪一層烤焙墊或烘焙紙。可挑選市售整捲的烘焙紙，再依需求裁切所需長度，使用完即丟棄。而烤焙墊不僅耐高溫又可重複使用，雖然價格不菲，但是就環保立場來說是比較鼓勵的，對了，要選擇與烤盤大小相同的烤焙墊喔。

★★★**擠花袋及花嘴**：擠花袋分為可重複使用的尼龍袋（最近還有廠商推出矽膠材質的），以及拋棄式的塑膠材質。做家常甜點的話，建議用拋棄式即可，不僅不用擔心清洗不乾淨而導致細菌孳生，而且使用上也簡單，只是可重複使用的擠花袋相對上較強韌且不易破裂。

另外，若只需少量裝飾，例如：用巧克力畫線條，也可用三明治袋來取代喔。而花嘴的部分，僅需挑選常用、慣用的花嘴即可，本書使用到的花嘴有星形、圓形、鋸齒、蒙布朗、聖諾黑花嘴。

★★**蛋糕刀**：刀刃呈現鋸齒狀，所以分切蛋糕時較不易產生碎屑，建議挑選大把的蛋糕刀，如此在分切大蛋糕時，才能一刀切斷，這時你會感謝有把大蛋糕刀，真的能大小蛋糕通切呢！

★★**蛋糕置涼架**：烤好的蛋糕、餅乾…皆需放涼冷卻，建議選購有腳架的置涼架，以方便散熱。網架形狀有圓、方、長方，其實形狀不拘，但若是瑞士卷的蛋糕皮，則需挑選大的長方形網架為佳。

★★**隔熱手套**：一副隔絕高溫的手套，絕對可以免於纖纖玉手被燙傷、起水泡的高度危險！若可以挑選手套長度的話，長度至手肘處的隔熱手套會最理想，因為Betty的手臂也常常被滾燙的烤箱門邊燙傷（真是丟臉…），若你沒有這樣的困擾的話，那就買至手腕以上8-10cm的就好，但保護措施總是越多越安全囉。

★★**刨絲器**：製作柑橘類點心時，一把好的刨絲刀，能輕輕鬆鬆刨下檸檬、柳橙表層的薄皮，也是非常實用的小道具。

★★**蛋糕探針（Cake tester）**：對於比較厚的糕點，可從糕點中央處刺入蛋糕探針，以檢查是否沾黏來判斷熟度，非常方便：其材質有竹籤及不鏽鋼，或用細柄水果刀亦可。

★★**分蛋器**：為了不讓雙手黏答答地分離蛋白與蛋黃，甚至還將蛋分離得支離破碎，真心建議買個分蛋器吧。

★★**蛋糕旋轉台**：想把整顆蛋糕妝點得美美時，你會慶幸有了這旋轉台，輔助你輕鬆塗抹出光滑平順的蛋糕奶餡。

★**餅乾、巧克力壓模**：各式各樣的壓模不僅可用來壓切各式餅乾，亦可造型塔皮、派皮時使用，甚至壓切造型巧克力作為裝飾…等，由於種類繁多，建議視需要再慢慢蒐藏即可。

★**紙模**：這大概是最經濟實惠的烤模了，若你只想烤個簡單的杯子蛋糕、馬芬…等，甚至現在坊間還有賣戚風紙模、磅蛋糕紙模，這不失為節省荷包的最佳選擇。

★**矽膠模**：可進烤箱高溫烘烤、也可進冷凍庫低溫塑形，而且能彎曲的幅度大，不會沾黏也易於脫模，是近年來頗流行的模具。使用上的禁忌是，勿用力拉扯、不要用刀具刮傷，不要用硬質刷子刷洗，建議用柔軟海綿沾點中性清潔劑清洗即可。另外建議大家慎選矽膠材質及品牌。

★**球形挖球器**：不僅可將水果挖取成一球一球狀來裝飾蛋糕，用來挖取蘋果、水梨的果核、芭樂去籽…等都很方便。

Before
製作蛋糕之前
17

## 6. 認識常用的烘焙食材

所有糕點都在雞蛋、糖、奶油、麵粉這4樣食材的比例間增減變化著，拿捏好比例就能做出蓬鬆綿柔、口感濕潤的西式家常糕點，而其他乳製品、巧克力、風味粉（抹茶、茶葉）、堅果、果乾…等，則能豐富口味、富饒味蕾感受。接下來，我們只要能了解下列食材的特性，就能隨心應用並提高糕點的成功度。

對於家常甜點製作來說，講求的不是華麗炫技的外表，也不是繁瑣耗時的工序，而是用心細選食材，只要是新鮮、天然無多餘人工添加物的食材，味蕾自然會感受到，所以越是簡單的甜點，食材的挑選就越重要。

## A 雞蛋

**特性**

雞蛋在糕點製作中扮演著極重要的角色，蛋糕能膨脹鬆綿的烘烤成功，最主要的原因就是靠雞蛋的打發。具有起泡性的蛋白，打發後可做成戚風蛋糕、馬林糖（Meringues）、舒芙蕾…等，而香氣濃郁的蛋黃又可做成萬用卡士達醬以及布丁，整顆用或分開用，皆有其特長所在。

蛋黃中所含的「卵磷脂」，有助於油、水分乳化，在奶油中要混拌入雞蛋，則會出現「乳化」作用。而在糕點製作過程中，乳化就是最重要的，乳化失敗的話會油水分離，糕點的口感猶如「粿」般難入口。

**如何使用**

❶ 在食譜中，大多以顆來計量雞蛋，但若雞蛋尺寸的誤差值過大，可是會影響成品的，而導致每次成品口感有所不同。一般來說，L尺寸的雞蛋淨量是55g以上（蛋黃20g，蛋白35g以上），M尺寸的雞蛋淨量是50g（蛋黃20g，蛋白30g），所以，請務必看清食譜作者所明列的雞蛋尺寸。

❷ 需要分蛋時，請務必確認蛋黃「無破損且完整」的停留在打蛋器上，而流瀉至打蛋盆中的蛋白「無沾黏到蛋黃」才行，謹記，蛋黃中的油脂成分會導致蛋白無法打發。

❸ 請攪散雞蛋後再進行測量重量。若食譜中要求使用30g雞蛋，則請將整顆雞蛋確實攪拌均勻後，再進行秤重。同理，若僅需單獨使用蛋白，則確實分蛋取出蛋白，一樣將蛋白攪拌均勻後再秤出所需克數。

❹ 雞蛋的新鮮度也會影響糕點風味呢，建議買回雞蛋後儘速放冰箱冷藏，以維持其新鮮度。

❺ 若食譜中指定用常溫雞蛋，可於1-2小時前取出放室溫先回溫，或於溫熱水中浸泡5-10分鐘再使用也可。

# Sugar and Butter

## B 砂糖

**特性**
砂糖不僅是糕點甜味的來源，還影響著濕潤度與色澤。因此，千萬不要擅自大量減少食譜中砂糖的指定用量，以免讓糕點失去濕潤度，因為砂糖不僅是水分來源亦有著保水特性。打發蛋白時，砂糖還能讓氣泡水分子更有力地結合、更易打發成緊實細緻的蛋白呢。反之，砂糖也不能添加過量，才不會讓糕點容易燒焦且口感太過厚重。

**如何保存**
所有的糖類都建議密封，並存放在陰涼處，以免受潮結塊或是高溫變質。

## C 奶油

**特性**
❶ 不同形態下的奶油，作用皆不同，室溫回軟的狀態適合拿來做磅蛋糕、餅乾…等；融化狀態的適合拿來做海綿蛋糕、泡芙、瑪德蓮…等。
❷ 家常甜點製作的訴求是，能自己挑選天然食材以做出安心健康、風味佳的甜點，所以酥油、白油、乳瑪琳…等人造植物油性奶油，著實不建議家庭烘焙使用。
❸ 奶油一經融化成液態後，就不適宜再拿來打發，因為結晶構造已改變。

**如何保存**
以密封放冷藏為主，若使用速度不快時，亦可分切奶油冷凍保存；使用時，則取出要用的量放冷藏退冰。

### 麵粉

**特性**

麵粉含蛋白質及澱粉，依蛋白質的含量分為高筋麵粉、中筋麵粉、低筋麵粉，而蛋白質與水結合後會形成麵筋，麵筋越多口感彈性就越大。

❶ 高筋麵粉（Bread Flour）又名強力粉：蛋白質含量11-13%，多為麵包、吐司…等製作用。

❷ 中筋麵粉（All Purpose Flour）又名粉心粉：蛋白質含量8-11%，多為包子饅頭、水餃皮、麵條…等製作用。

❸ 低筋麵粉（Cake Flour）又名蛋糕粉：蛋白質含量 6-8%，一般多為蛋糕、西點、餅乾…等製作用。

❹ 另外還有全麥麵粉（又名全粒粉）、裸麥麵粉…等較為常用。

**如何使用：**

糕點製作常會使用到手粉，到底何謂「手粉」呢？壓擀塔、餅乾麵團時，為避免麵團沾黏在工作檯上，會先在檯面上撒些麵粉，這麵粉即為手粉。因為高筋麵粉不易結塊、不易沾黏，所以建議用高筋麵粉來當手粉。同理，若使用非不沾的烤模，為方便烤後的糕點能輕易完整脫模，一般都會在烤模上塗上薄薄一層奶油，再輕撒一層麵粉，而此麵粉也建議為高筋麵粉喔。

所有粉類建議密封保存，並存放在陰涼處，不要一次添購太多，請在效期內使用完畢。

### G 牛奶、鮮奶油

**特性**
市售鮮奶油乳脂肪含量在35-50%間，乳脂肪越高越容易打發，當然，口感也會更厚重。市面上還有一種植物性鮮奶油，主要成分棕櫚油、玉米糖漿、氫化物、乳化劑、香料、色素…等，雖打發後穩定性較高，但香氣口感皆不如來自天然生乳的動物性鮮奶油，故居家烘焙著實不建議使用。

**如何保存：**
牛奶、鮮奶油皆需冷藏保存，尤其鮮奶油開封後建議儘快用完。另外再次強調，動物性鮮奶油不可冷凍，因為一經冷凍就無法打發囉。

*Milk and Scream*

## F 巧克力、可可粉

**特性**

巧克力分有「調溫」與「免調溫」。何謂「調溫巧克力」？簡單的說，巧克力中的可可脂光是融化無法使它再度結晶，需經過升溫、降溫、再升溫的調溫動作，才能使巧克力出現均一的光澤、滑順化口的特質。而免調溫巧克力，即在調溫巧克力中添加植物油和香料，調整成可直接食用的狀態，雖巧克力風味無調溫巧克力來得濃郁，但是使用便利，可免去巧克力調溫失敗造成的浪費，並可當成蛋糕簡易妝點之用。

調溫巧克力按可可膏、可可脂含量分為苦甜巧克力、牛奶巧克力、白巧克力，成份也略有不同。做甜點就是以這三種調溫巧克力為主，口感滑順絲柔，可可風味富饒。

請依食譜列示的%數來選購調溫巧克力，誤差值在正負5%範圍內，大致上不會有問題。另外，製作甜點的可可粉要選用無糖可可粉為佳。

**如何保存**

以密封放在冰箱冷藏為佳。

| 調溫巧克力分類 | 可可含量 | 成分（註） | | | |
|---|---|---|---|---|---|
| | | 可可膏 | 可可脂 | 砂糖、香草…等 | 奶粉 |
| 苦甜巧克力 | 50%以上 | V | V | V | |
| 牛奶巧克力 | 32-43% | V | V | V | V |
| 白巧克力 | 28-35% | | V | V | V |

*Wine, Banking Powder, Matcha powder and Tea, Fruit dry and Nut*

### G 洋酒

烘焙上常用的有蘭姆酒，以及有著柑橘香氣的橙酒、濃烈咖啡香的咖啡酒⋯等，酒類可以增添糕點風味、消除雞蛋腥味⋯等作用。

### H 泡打粉（Banking Powder）

泡打粉有助於糕點烘烤時的膨脹，但用量需斟酌，若使用過多會有苦味，一般與低筋麵粉一起過篩使用。另請購買不含鋁的泡打粉，較無健康疑慮。

### I 抹茶粉、茶葉

請選用烘焙用的抹茶粉，保色度、香氣會比一般泡茶用的抹茶粉好。

**如何保存**
若是要直接添加茶葉於糕點中，請用食物調理機先磨細，才不至於影響口感。抹茶粉開封後，需密封並置冰箱冷藏，而茶葉則密封置於陰涼處即可。

### J 果乾、堅果

堅果若是生的、未經烤焙過的，可放烤箱，先以150℃低溫烘烤至上色，或是取一平底鍋，以小火炒至上色、出現油光，亦有相同效果。

**如何保存**
果乾、堅果一經開封，也請密封放冰箱冷藏，以維持鮮度。

## 7. 如何幫模具鋪紙

不論烘焙紙或白報紙都是可以的，而鋪紙目的除了防沾黏外，有了這一層紙，更是可以方便且順利脫模喔，特別像是用較深的烤盤烤焙時。

# A. 方形、長方形烤盤鋪紙

**做法**

1 假設一個25cm正方，高5cm的烤盤，則先將烘焙紙（或白報紙）裁剪成37*37cm的正方形，為何是37cm呢？因為烤盤是25cm，加上兩邊的高各是6cm，所以是25＋6＋6＝37。

*Point* 但明明高是5cm，為何寫6cm？因為要多預留1cm左右，因為要取出烤好的蛋糕時，直接拉著多出來那1cm的地方就會方便多了。當然也可多預留點沒關係，1-2cm之間都可以，但是不要預留太多，一來會容易塌垮、二來也會遮住上火。

2 見下圖，請沿著虛線先摺出線條。
3 見下圖，再沿著紅色線條剪開。
4 將摺線立起，則可鋪入烤盤。

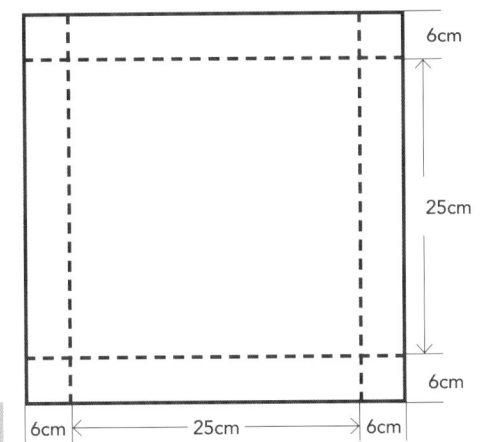

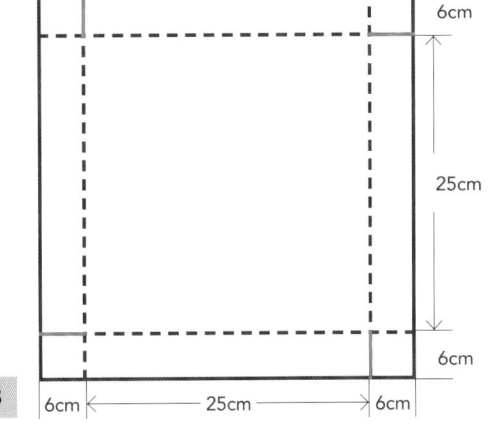

## B. 圓形模鋪紙

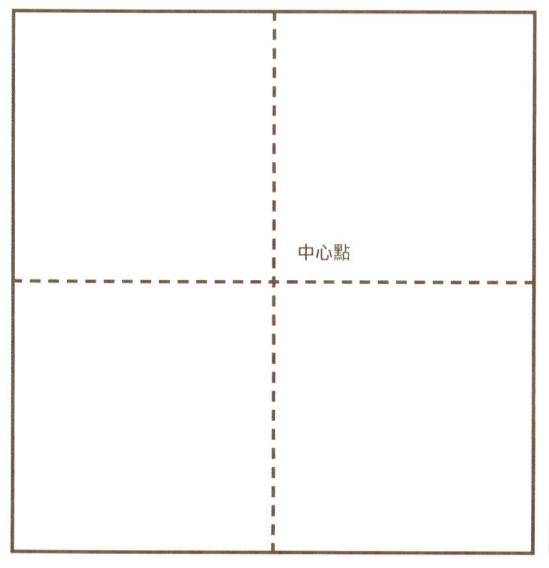
中心點

1

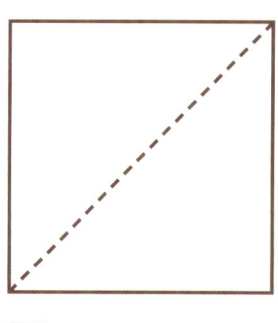

2

**做法**

1 取一烘焙紙（或白報紙）裁成比圓形模直徑還大的正方形，並沿著虛線對摺成一個小正方形。

2 以小正方形的中心點，沿著虛線對摺一次後變成一個三角形，再以中心點再對摺一次，變成一個更細長的三角形，最後再對摺一次（對摺越多次，等等裁剪出來的形狀會更圓）。

3 取出圓形模，並找出圓形模的中心點，將對摺完成的烘焙紙中心點對著圓形模的中心點，並將多出圓形模部分的烘焙紙剪除，然後攤開烘焙紙，就會完成符合圓形模底部直徑大小了。

*Point* 如果是鋪紙在比較深或較大的烤盤中，烘焙紙會易鬆垮，此時可在烤盤上先噴層薄油，再鋪上烘焙紙，則可避免鬆垮的情況了。

3-1

3-2

3-3

# 裝飾蛋糕前的
# 6種基礎奶油餡

只要將這6種基礎奶油餡學起來,
在製作蛋糕裝飾時,就能得心應手、讓你盡情發揮創意了!

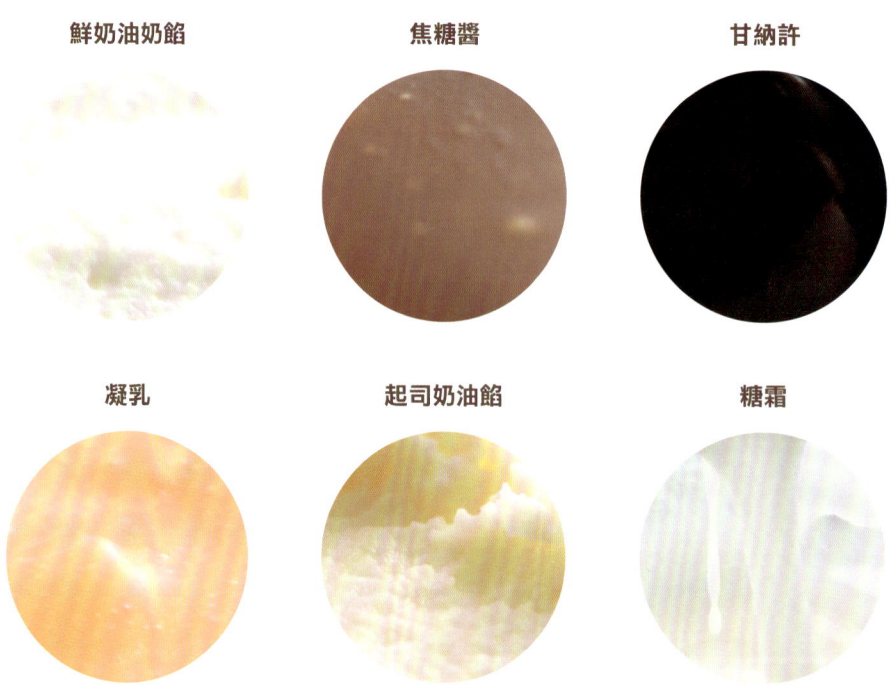

鮮奶油奶餡　　焦糖醬　　甘納許

凝乳　　起司奶油餡　　糖霜

# *filling*
# 鮮奶油奶餡

**特性**

1 打發鮮奶油的原理是以攪拌器攪動脂肪球而撞擊連結產生發泡，故鮮奶油的乳脂成分越高，則越快打發，一般鮮奶油乳脂含量在35-50%間。

2 請保存於約4℃的冰箱冷藏，以維持鮮度及風味，要用時才能從冰箱取出，因為溫度過高的話，就無法打出狀況良好的鮮奶油喔。

3 使用桌上型攪拌機時，請事先將鮮奶油倒入鋼盆，並放入冰箱冰鎮10-15分鐘再來打發即可。

4 使用手持攪拌機時，則建議隔著4-6℃左右的冰塊水，才較易於打發。

5 打發後的鮮奶油，請置於冰箱冷藏，或墊個冰塊水備用，較能維持穩定及鮮度。

**準備器具**

- 調理盆
- 桌上型攪拌機（手持攪拌機）

**做法**

1 將冰箱取出的鮮奶油及砂糖倒入鋼盆中，用電動攪拌器高速打發。

2 打至6-7分發，適合蛋糕抹面：打了一段時間後，鮮奶油開始變得濃稠且出現紋路，用攪拌棒舀起時會呈現弱弱的大彎勾。

3 打至8-9分發，適合擠花：再繼續打發，不久發現用攪拌棒舀起鮮奶油時不會滴落，尖角會緩緩彎下狀。

*Point 1*　調理盆上可輕覆蓋一張保鮮膜，這樣打發鮮奶油時，就不用擔心鮮奶油噴得到處都是囉。

*Point 2*　用攪拌機打發鮮奶油時，在打發到需要的程度之前，就請改用手打，因為鮮奶油從濃稠變化到8-9分發的時間是很快的。

**6-7分發**

**8-9分發**

# 鮮奶油風味變化

**【香緹鮮奶油】**
**食材**
鮮奶油100g、細砂糖8-10g、蘭姆酒1/4小匙
**做法**
將所有材料一同放進調理盆中,打發至需要程度。

**【草莓鮮奶油（兩種配方）】**
**食材**
A_鮮奶油100g、草莓果醬30-50g（視品牌調整甜度）
B_鮮奶油100g、細砂糖10g、100%天然草莓粉3-6g（視喜愛風味調整）
**做法**
將所有材料一同放進調理盆中,打發至需要程度。

**【藍莓鮮奶油】**
**食材**
鮮奶油100g、藍莓果醬30-50g（視品牌調整甜度）
**做法**
將所有材料一同放進調理盆中,打發至需要程度。

**【焦糖鮮奶油】**
**食材**
鮮奶油100g、焦糖醬40-50g（見34頁焦糖醬做法,視喜好調整甜度）。
**做法**
將所有材料一同放進調理盆中,打發至需要程度。

**【楓糖鮮奶油】**
**食材**
鮮奶油100g、楓糖漿15-20g
**做法**
將所有材料一同放進調理盆中,打發至需要程度。

**【黑糖鮮奶油】**
**食材**
鮮奶油100g、黑糖蜜10g
**做法**
將所有材料一同放進調理盆中,打發至需要程度。

**【黑糖蜜】**
**食材**
黑糖50g、水25g、蜂蜜10g
**做法**
將黑糖、水一起煮沸並拌至黑糖溶化,熄火加入蜂蜜拌勻即可。

**【檸檬凝乳鮮奶油】**
**食材**
鮮奶油100g、檸檬凝乳50g（見36頁凝乳做法）。
**做法**
將鮮奶油打至濃稠後,再將凝乳倒入打發至需要程度。

**【馬斯卡彭鮮奶油】**
**食材**
鮮奶油100g、馬斯卡彭起司10g,細砂糖10g
**做法**
將鮮奶油及砂糖打至濃稠後,再將馬斯卡彭起司倒入打發至需要程度。

**【抹茶鮮奶油】**
**食材**
鮮奶油100g、砂糖10g、抹茶粉2g
**做法**
以些許熱水拌勻抹茶粉至化開待涼備用,再將鮮奶油、砂糖及先調好的抹茶液一同放進調理盆中,打發至需要程度。

# *filling* B

## 焦糖醬

**食材**
砂糖 ……………… 100g
水 ………………… 40g
動物性鮮奶油 …… 120g

**做法**

1 取一厚底平底鍋，先放入砂糖，再沿著鍋緣一圈慢慢倒入水，接著開火熬煮，記得熬煮期間千萬不要攪拌。

*Point 1* 沿著鍋緣一圈倒入水，可讓鍋子四周被水浸潤，砂糖也能均勻地慢慢溶解，讓加熱效果更均勻。

*Point 2* 熬煮期間，切記「不可以攪拌」，因為一攪拌會讓未溶解的砂糖顆粒拌入融化的砂糖中，而形成再度結晶的「反砂現象」，使得焦糖表面形成一層薄砂。煮製時，可稍微晃動鍋子，以幫助融化均勻。

2 煮至融化的砂糖呈現咖啡色即熄火。

3 少量、少量、緩緩地倒入鮮奶油，並用木匙慢慢攪拌均勻，此時溫度很高、會噴濺，請小心。

*Point* 勿一次大量倒入鮮奶油，不但噴濺危險，也會讓砂糖結塊。

4 再度開小火加熱，約1分鐘左右即熄火，倒入耐熱容器中，待降溫即可放冰箱冷藏保存。

## filling C

# 甘納許

### 食材
動物性鮮奶油 ·············· 98g
72%苦甜巧克力 ·············· 70g

### 做法
1 首先將動物性鮮奶油及切小塊的巧克力放入耐熱容器中。
2 以500-600W的微波爐加熱,每5-10秒鐘即取出略攪一下查看,直至巧克力開始有融化跡象即停止加熱。
3 以刮刀「畫小圈」的方式輕柔拌勻,拌至甘納許出現光澤,即乳化成功。

*Point 1* 請先將巧克力切小塊,較容易融化。
*Point 2* 切勿加熱過度,因為巧克力可是會燒焦的。
*Point 3* 用不完的部分可冷凍保存,需要用時,只需再微波加熱或隔水加熱至融化就好。

1

3

## filling D

# 凝乳

註：以上為「檸檬凝乳」食材，亦可用柳橙汁、百香果汁來製作，但每種水果酸度不同，所以再請斟酌增減甜度。

### 食材

| | |
|---|---|
| 雞蛋 | 50g |
| 細砂糖 | 50g-70g |
| （視檸檬酸度斟酌） | |
| 新鮮檸檬汁 | 50g |
| 無鹽奶油 | 25g |

### 做法

1 將無鹽奶油切小丁，並放室溫軟化。
2 取一厚底平底鍋，依序倒入蛋、砂糖、檸檬汁入鍋並拌勻，開火加熱，加熱期間持續攪拌至濃稠且開始冒泡即離火。
*Point* 請需煮至鍋中央冒大泡，如此才能將生雞蛋中的細菌去除。

3 趁熱倒入步驟2的無鹽奶油並攪拌至均勻，再貼覆一張保鮮膜於凝乳上，最後隔水降溫至冷卻。
*Point 1* 保鮮膜需完全貼覆在凝乳上，勿懸空地貼在鍋緣上，可防止水蒸氣滴落在凝乳中。
*Point 2* 隔水降溫時，需採漸進式降溫，私心建議先泡常溫水一會兒，再泡冰水，可防止冷熱溫差過大而造成鍋子的損傷。

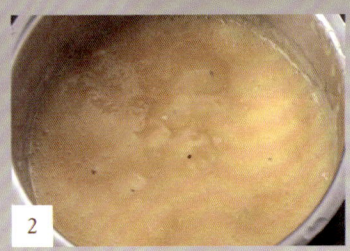

2

3

## filling E

# 起司奶油餡

**食材**

馬斯卡彭起司 …………… 50g
蜂蜜 ……………………… 5g
（視喜愛甜度調整）

**做法**

將所有材料放進調理盆，拌勻至無顆粒即可。

## filling F

# 糖霜

**食材**

糖粉 …………………… 60g
新鮮檸檬汁 ………… 2.5-3小匙

**做法**

將糖粉與檸檬汁攪拌至緩慢流下的狀態，請視情況斟酌檸檬汁用量。

*Point 1* 先不要一次全下完檸檬汁，留個半小匙左右，邊攪拌邊視情況來調整成自己喜愛的稠度。

*Point 2* 檸檬糖霜一拌好就請盡快使用，或用保鮮膜包覆起來，暴露在空氣中可是很快就會乾的喔。

# 裝飾蛋糕前的 5種基礎花嘴

鮮奶油擠花是蛋糕裝飾上的必學技巧,大家一定要多練習,
才能熟能生巧地擠出美美的花樣圖案。

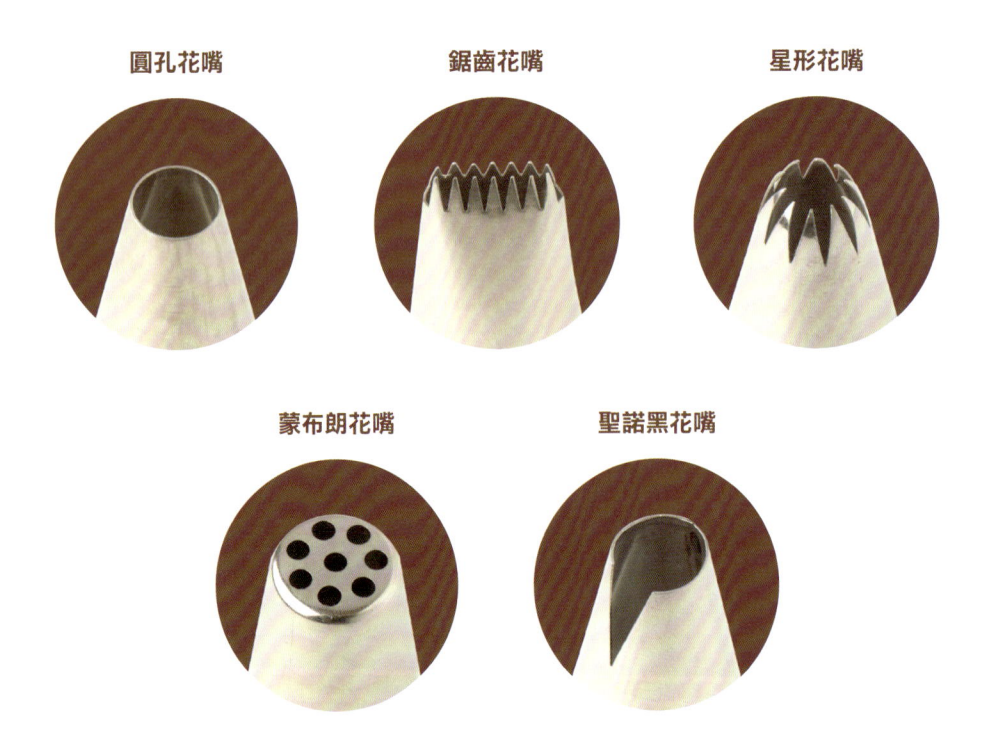

**圓孔花嘴**　　**鋸齒花嘴**　　**星形花嘴**

**蒙布朗花嘴**　　**聖諾黑花嘴**

# *How to use pastry bag*
# 擠花袋的使用方式

**準備器具**
・擠花袋  ・花嘴  ・刮刀  ・量杯  ・刮板

**做法**
### Step1──將擠花袋前端剪開

將花嘴放入擠花袋中，找出花嘴前端約1/3的位置，先用剪刀輕輕畫一圈，割出一個記號，退開花嘴，用剪刀於此處剪開擠花袋袋口。
*Point* 如此將花嘴往前推時，花嘴前端1/3處即可露出袋外，剪開的開口不要過大或是過小，過大容易造成花嘴脫落，而過小的擠花袋開口則會影響擠花的成型。

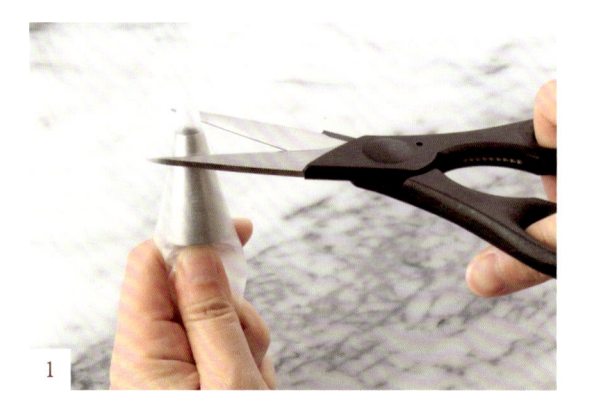

### Step2──裝入花嘴

將花嘴裝入往前推，則會露出前端1/3，將花嘴尾端的擠花袋轉幾圈再塞入花嘴內側。
*Point* 此動作可防止接下來裝填餡料時，因推擠而使餡料擠出袋外。

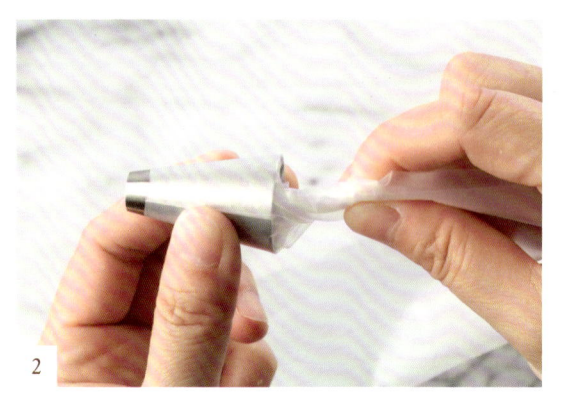

### Step3──裝填餡料

找一個高度約是擠花袋一半的量杯，將擠花袋前端放入量杯中，而尾端多出的擠花袋摺向量杯外，最後用刮刀填入餡料。
*Point* 建議用量杯或是容器來輔助支撐擠花袋，會比較便利。

## Step4——用刮板推緊餡料

用刮板將餡料往前推緊,讓餡料集中於前端,同時也可去除多餘空氣。

*Point* 若無刮板,用根筷子橫向往前推擠也行。

## Step5——擠花袋握法

右手將擠花袋尾端旋緊後,左手將前端花嘴處往前一拉,即可鬆開之前塞進花嘴的擠花袋;右手接著輕輕用力將餡料往前推進,讓餡料跑至花嘴口。

## Step6——擠花手法

右手負責施力擠出餡料,而左手則是於花嘴處控制方向及穩定支撐用。

*Point* 若是慣用左手者,請反向操作步驟5、6。

## How to use decorating tip
# 常用花嘴與樣式

一般來說,8-9分發的鮮奶油最適合擠花,擠出的花型最能維持形狀。若鮮奶油打發不足而過軟的話,擠出的花型可是會塌落的。

### A 圓孔花嘴與擠花樣式

一般擠鮮奶油的話,直徑7-8mm的圓形花嘴是較常使用的;若是更小的圓形花嘴直徑,則適合較細緻的文字或是圖案擠花。

**尖錐形:**垂直拿著擠花袋,以非常接近檯面的位置擠出奶油霜,擠出想要的奶油霜大小後,接著放鬆力氣,迅速筆直拉起,利用向上的力道拉出尖角。

**圓形:**垂直拿著擠花袋,以非常接近檯面的位置擠出奶油霜,擠出想要的奶油霜大小後,接著放鬆力氣,以寫日文「の」的方式快速收尾。

**水滴狀:**讓花嘴成傾斜角度,以非常接近檯面的位置擠出奶油霜,擠出想要的奶油霜大小後,接著放鬆力氣拉開。

### B 鋸齒花嘴與擠花樣式

鋸齒花嘴適合擠出扁平花樣的擠花,例如長或短的線條。

**直線**:讓鋸齒面向上,需幾乎貼近檯面,並以一定的力道和速度水平移動並擠出奶油霜。收尾時,接著放鬆力氣,將花嘴輕輕抵住下方切斷。

### C 星形花嘴與擠花樣式

星形花嘴很適合做華麗裝飾,市面上有著各式各樣不同的大小及齒數,建議先選購6、8、10齒數就滿夠用。當然齒數越多,擠出的圖案也越細膩。

**星形**:垂直拿著擠花袋,以非常接近檯面的位置擠出奶油霜,擠出想要的奶油霜大小後,接著放鬆力氣,迅速筆直拉起,利用向上的力道拉出尖角。

**玫瑰狀**:垂直拿著擠花袋,以非常接近檯面的位置擠出奶油霜,再像寫日文「の」般旋轉斜斜拉起。

**貝殼形**:讓花嘴成傾斜角度,以非常接近檯面的位置擠出奶油霜,擠出想要的奶油霜大小後,接著放鬆力氣拉開。

**滾邊狀**:讓花嘴成傾斜角度,以非常接近檯面的位置擠出奶油霜。記得手腕的力道與速度要一致,利用手腕畫漩渦的轉動方式來擠出奶油霜,擠出想要的奶油霜大小後,接著放鬆力氣拉開。

### D 蒙布朗花嘴

能一次擠出多條線條的擠花,雖然方便,但要特別注意奶油霜的硬度,以免操作時線條可能斷落。

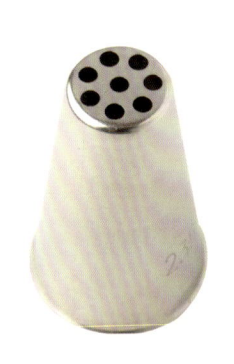

**直線**:讓花嘴成傾斜角度,以略高於檯面的位置擠出奶油霜,手腕的力道與速度要一致,以水平的方向橫拉較好操作,收尾時,接著放鬆力氣拉開。

**螺旋狀**:讓花嘴成傾斜角度,以略高於檯面的位置擠出奶油霜,手腕的力道與速度要一致,利用手腕畫漩渦的轉動方式來擠出奶油霜,擠出想要的奶油霜大小後,接著放鬆力氣拉開。

**8字型**:讓花嘴成垂直角度,以略高於檯面的位置擠出8字型奶油霜,手腕的力道與速度要一致,擠出想要的奶油霜大小後,接著放鬆力氣拉開。

### B 聖諾黑花嘴

用聖諾黑(Saint-honore)花嘴擠出的圖案非常專業而且有時尚感,雖然造型簡單,卻很上相喔。

**基本型**:將花嘴缺口朝上,垂直拿著擠花袋以幾乎貼近檯面的方式不移動地擠出奶油霜,等擠出的奶油霜已近蛋糕外圍後,接著放鬆力氣拉開。

# Whipped cream frosting
# 鮮奶油霜塗抹方式

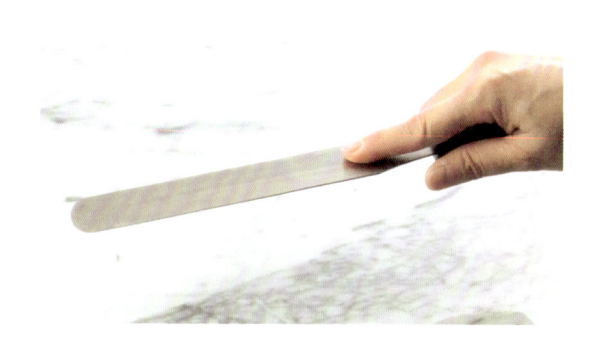

一般來說，6-7分發的鮮奶油最適合來塗抹蛋糕體，只要了解抹刀握法、常練習抹刀移動方式，就能慢慢上手了。

**抹刀握法與移動方式**
將食指放在刀刃上方，大拇指、中指、無名指與小指緊握刀柄。開始塗抹奶油霜時，想像是「用抹刀輕蓋住奶油霜般」，以左右移動的方式塗抹。

1-1

1-2

1-3

### 做法

**【先塗打底奶油霜】**

1　於蛋糕表面放滿奶油後，大幅度地左右移動抹刀，把奶油霜推抹開來，抹到奶油霜快從邊緣掉落至側面的程度。

2　右手握抹刀，抹刀平貼固定於蛋糕表面，且左手順勢將蛋糕轉台逆時針轉動，讓奶油霜掉到側面，同時也讓蛋糕表面平坦。

3　用抹刀舀起奶油霜，邊轉蛋糕台邊塗抹在側面，重複動作直至把側面塗滿為止。

*Point*　此步驟的目的只是將側面覆蓋上奶油霜，並非將側面奶油霜抹平。

4　將抹刀固定在9點鐘方向（左撇子的話，是在3點鐘方向），抹刀約成15度角浮起，左手跟步驟2一樣逆時針旋轉蛋糕轉台，就可以將奶油霜抹平。

*Point*　**奶油霜只要薄薄的一層，隱約可以看到蛋糕體即可。**

5　讓抹刀幾乎平貼在蛋糕邊緣，刀刃微微浮起，往中心移動。當抹刀快進中心點時，略微提高刀刃角度，就可以抹平溢出的奶油霜（這動作的目的是修齊蛋糕邊緣）。

6　每塗抹一次，就必須將抹刀靠在調理盆的邊緣上，先刮除沾上的奶油霜，再進行下一次的抹平動作。

*Point 1*　需保持抹刀的乾淨，才能將蛋糕抹平。

*Point 2*　塗抹奶油霜時，抹刀劃來劃去難免會起一些蛋糕屑屑，所以先塗抹上一層薄薄的霜底，就像女孩們上妝一樣，總得先上層粉底，之後再正式上妝，如此蛋糕的奶油霜才會乾淨漂亮。

【正式塗抹奶油霜】

7　於蛋糕表面再放滿奶油後，大幅度地左右移動抹刀，把奶油霜推抹開來，抹到奶油霜快從邊緣掉落至側面的程度（同步驟1）。

8　右手握抹刀，抹刀平貼固定於蛋糕表面，且左手順勢將蛋糕轉台逆時針轉動，讓奶油霜掉到側面，同時也讓蛋糕表面平坦（同步驟2）。

9　用抹刀舀起奶油霜，要比打底時用更多奶油霜，邊轉蛋糕台邊塗抹在側面，重複動作直至把側面塗滿（同步驟3）。

10　將抹刀固定在9點鐘方向（左撇子的話，是在3點鐘方向），抹刀約成15度角浮起，此時左手跟步驟2一樣逆時針旋轉蛋糕轉台，就可以將奶油霜抹平（同步驟4）。

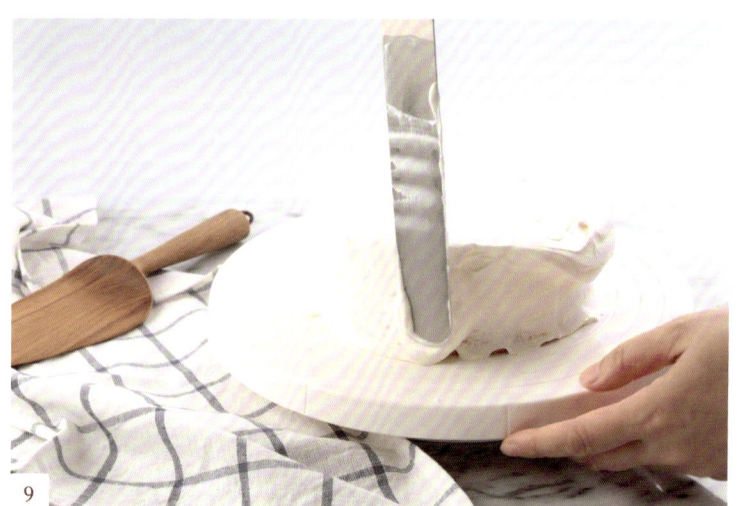

6-1　6-2　7-1

7-2

8　9

11 讓抹刀幾乎平貼在蛋糕邊緣,刀刃微微浮起,往中心移動。當抹刀快進中心點時,略微提高刀刃角度,就可以抹平溢出的奶油霜(同步驟5)。

12 將抹刀的刀尖輕輕插入蛋糕底部,左手逆時針轉動蛋糕台一圈,就可以刮除底部多餘的奶油霜。

【從蛋糕轉台取下蛋糕】

13 先把要放置蛋糕的盤子放在轉台旁邊。將抹刀插入蛋糕底部約1/2處,稍微抬起蛋糕,左手立即放到蛋糕下面扶著。

14 撐起蛋糕,放到盤子上。

15 左手先離開蛋糕,再慢慢抽離抹刀(若是左撇子,方向顛倒即可)。

*Point 1* 塗抹時,切勿一直重複在同一處抹來抹去,會造成鮮奶油不平滑且外觀粗糙,請儘量減少重複塗抹的動作。

*Point 2* 良心建議鮮奶油的塗抹不用刻意追求100%的完美光滑,就像畫畫一樣,雖有寫實派畫風,但也有抽象派、印象派…等,只要慢慢嘗試、多練習,每個人都有具自己特色的蛋糕裝飾。

*Point 3* 熟稔蛋糕抹面流程後,也可以直接一次抹面到位,不用分兩次抹面喔。

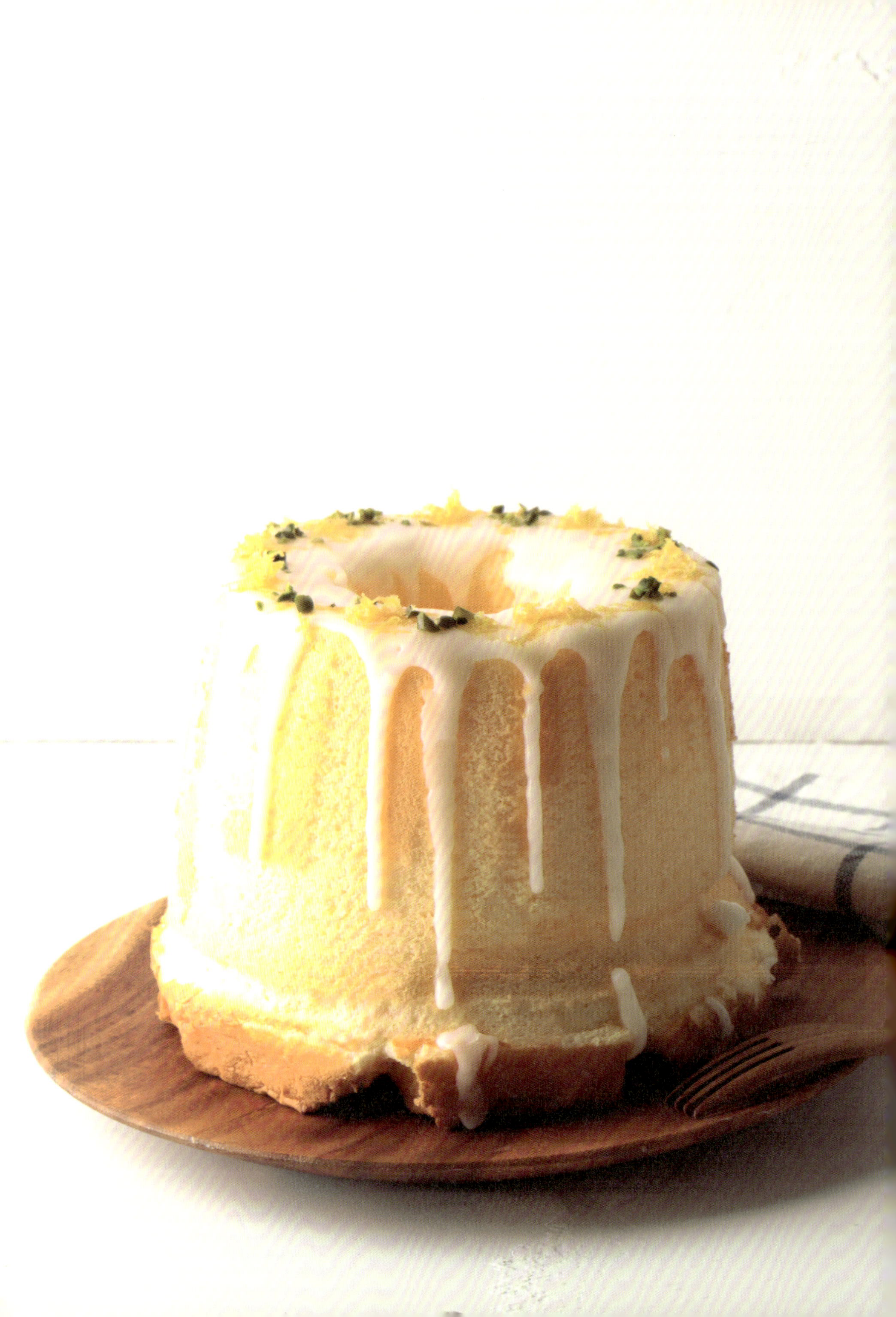

Part

# 1 戚風蛋糕
製作與裝飾

蓬鬆柔軟的戚風蛋糕深受女生喜愛，口感輕盈又帶點濕潤感～先學會如何打發蛋白，是開始做戚風蛋糕的第一步，之後再跟著Betty為你的戚風蛋糕做美型裝飾吧。

## Before Baking 1
# 如何成功打發蛋白？

1. 調理盆與電動攪拌器的攪拌棒需確實清洗乾淨，不能有任何的油漬及水珠殘留，請謹記。
2. 請使用「冷藏冰冷」的蛋白，如此才能打出氣泡堅實細緻的蛋白霜。
3. 分蛋時，請確實將蛋白與蛋黃分乾淨，蛋白中不要殘留破損的蛋黃。
4. 打發蛋白時，加入適量砂糖，運用砂糖的保水性能讓蛋白的氣泡更安定。但是不建議一次全加入，打發過程中「請分3次」投入，能讓蛋白霜的膨脹度更高。
5. 蛋白打發後請儘速使用，不要遲疑喔，不然一消泡，之前打發的工就全白做了。

**準備器具**
- 調理盆
- 電動攪拌機

**做法**
### Step1──低速打至起泡

調理盆中放入蛋白，開啟電動攪拌機，先以低速攪打，待大量起泡後再倒入配方中約1/3量的細砂糖，記得每次的投入量約莫都是1/3的量。

## Step2──高速打至明顯紋路

轉高速攪打至蛋白呈現明顯紋路，此時的蛋白霜泡沫變得較細，但仍會在盆中流動，此時投入第2次砂糖，再繼續攪打。投入砂糖後，你會發現蛋白霜稍微變軟，這是沒關係的，再繼續攪打下去就對了。

## Step3──打至蛋白霜呈現豎起尖角

要打至蛋白霜出現光澤、明顯紋路再度出現，若用手持電動攪拌機攪打的話，會感覺到手感變重、稍感阻力，那是因為蛋白霜已越來越堅實，所以能感受到阻力。此時，投入剩餘砂糖，攪打至蛋白霜有光澤且緊實的狀態，用攪拌棒舀起蛋白霜時有「彎鉤鳥嘴狀」，此為濕性發泡；繼續攪拌一會兒，用攪拌棒舀起蛋白霜呈現「豎起挺立尖角」即是乾性發泡。最後轉低速攪打個幾圈，讓蛋白霜的氣泡再細緻些。

2-1

**濕性發泡**

3-1

2-2

**乾性發泡**

3-2

# Before Baking 2
# 戚風蛋糕製作

## Check 檢視蛋糕體
- ☑ 蛋糕腰身筆直
- ☑ 蛋糕體的質地細緻
- ☑ 出爐後,膨發高出烤模

## Prepare

**準備器具**
- 直徑6吋日式戚風模（高10cm）
- 電動攪拌機
- 調理盆
- 打蛋器
- 刮刀

**烤箱溫度**
180℃

**食材**
| | |
|---|---|
| 蛋黃 | 4顆 |
| 植物油 | 40g |
| 鮮奶 | 60g |
| 低筋麵粉 | 70g |
| 蛋白 | 4顆 |
| 細砂糖 | 60g |

## How to do

**做法**

【製作蛋黃麵糊】

1 將蛋黃放入調理盆先打散,分多次少量緩緩倒入植物油,並用打蛋器持續攪拌至略變淺白。

*Point* 一次倒入太多油,會無法完全乳化,請分次慢慢倒入。

2 分2-3次倒入鮮奶,並攪拌均勻。

3 篩入低筋麵粉，輕柔攪拌至麵粉消失即可。
*Point* 不需過度用力、也不需過度攪拌，只要麵糊呈現滑順即可。

【打發蛋白霜】
4 再取一調理盆，將蛋白與細砂糖打發至濕性發泡（請參照50頁起「如何成功打發蛋白」）。
*Point* 製作戚風蛋糕需要的蛋白霜挺度，是以「打蛋器舀起蛋白霜尖端時，呈現鳥嘴狀向下的小彎鉤」，這樣做出來的戚風蛋糕組織較細緻。若將蛋白霜打發至堅挺亦可，則戚風蛋糕體的體積較大，而組織較粗、氣孔也較多。

【混合蛋黃麵糊與蛋白霜】
5 取用1/3量的打發蛋白霜，拌入步驟3的蛋黃麵糊中，用打蛋器混合均勻至無硬塊為止。
*Point* 由於蛋黃麵糊與打發蛋白霜的質地不同，取一些打發蛋白霜拌入蛋黃麵糊中，會讓兩者質地稍微接近，以利之後剩下的打發蛋白霜拌合（可用打蛋器大範圍的畫圈攪拌）。

6 最後倒入剩餘的打發蛋白霜，這時用打蛋器輕柔地混合至均勻無硬塊，最後再以刮刀確實翻拌全體麵糊幾下，讓麵糊更均勻。
*Point 1* 用打蛋器混合蛋白霜與蛋黃麵糊，比用刮刀更能均勻且縮短時間地攪拌均勻至無硬塊，但動作務必輕柔；建議一手拿著打蛋器沿著調理盆緣、以畫小圈的方式慢慢地、輕柔地拌合，另一手則邊轉動調理盆。
*Point 2* 攪拌過與不及都是不行的，千萬不要擔心蛋白霜會消泡而快速混拌幾下，若有未

| 1 | 2 | 3-1 |
| 3-2 | 3-3 | 4 |

拌勻的蛋白霜結塊，會讓戚風蛋糕體出現大孔洞的。同樣攪拌至無硬塊即停止攪拌，因為過度攪拌會讓蛋白霜消泡，而導致蛋糕體塌陷長不高。

【倒入模具】

7 將拌勻的麵糊從高處倒入模具中，再用刮刀稍微抹平，這個小動作能消除麵糊內的空氣，減少一些氣泡。

8 舉起模具，約離桌面上約5-10cm處落下，如此輕震2-3次以消除氣泡。

【烘烤】

9 送進預熱至180℃的烤箱烤25分鐘左右，至表面輕壓會回彈且有沙沙聲，並以Cake tester（竹籤亦可）刺入時不會沾黏麵糊即為烤熟。出爐後，請立即倒扣在稍有高度的器皿上。

*Point* 蛋糕出爐後需立即倒扣，蛋糕體才不會回縮。

【脫模】

10 待蛋糕完全降溫，拿一脫模刀（或較細的抹刀）沿著模具側面劃一圈，再用手指用力頂一下模具底部，即可脫去模具外圈。

11 以脫模刀的刀刃中段插入蛋糕底部，並沿著底部劃一圈。

*Point* 利用脫模刀的刀刃中段插入蛋糕底部來脫模，會比用脫模刀尖端刺入的蛋糕底部來得平整，蛋糕才不會凹凸不平、傷痕累累。

12 最後剩下戚風模具中間隆起的煙囪，一樣利用脫模刀插入沿著煙囪劃一圈，再倒扣在盤子上即可脫去煙囪。

13 輕拍蛋糕體側面，拍落一些蛋糕屑屑即完成。蛋糕若無馬上食用，務必密封冷藏。

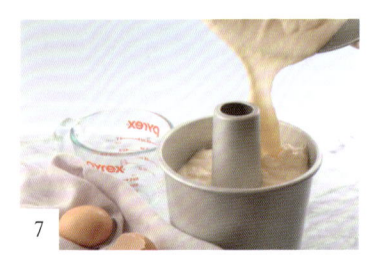

5-1　　5-2　　6-1

6-2　　7　　8

## *More to Know*
## 戚風蛋糕模具的清洗訣竅！

戚風類蛋糕脫模後，模具內部總會巴著一層蛋糕皮，若用海綿刷洗，海綿上就會黏著許多蛋糕屑且刷洗不夠乾淨，甚至弄得整個洗碗槽也都是蛋糕皮浸濕後的糊狀物，這下洗完模具後，還得刷洗洗碗槽會很麻煩…。

因此，Betty分享一個小技巧，幫大家快速有效率地清洗戚風模具。取一個軟質刮板，沿著模具壁刮除巴在模具上的蛋糕皮，這可刮除95-99%的蛋糕皮，之後再用海綿刷洗一下，如此就會很省事了。當然，波士頓派盤也適用喔。

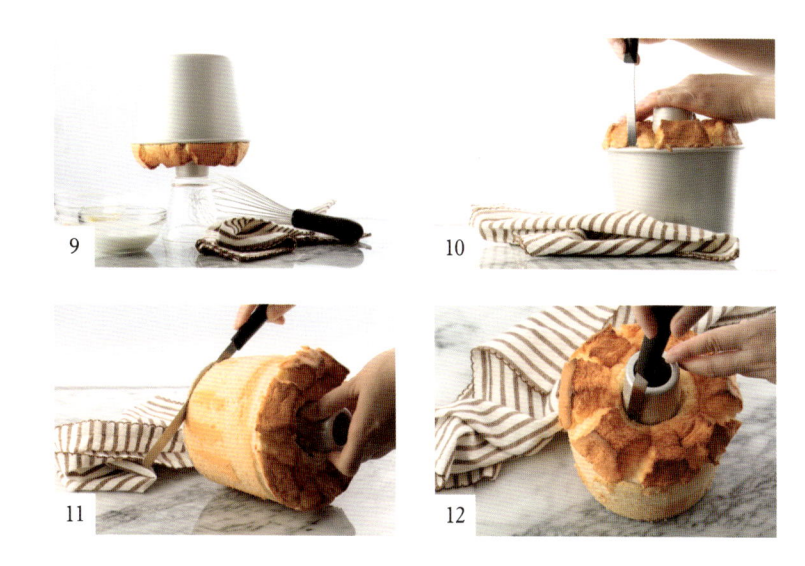

9  10  11  12

# Before Baking 3
# 戚風蛋糕製作常見問題

## 成功的戚風蛋糕

★ 蛋糕出爐前，觀察一下蛋糕體是否有膨發至高出烤模。

★ 蛋糕表面要有綻放的裂紋，也就是烤箱裡彷彿開出了一朵膨發綻放的「戚風花」；另外，倒扣冷卻後，戚風蛋糕會稍回縮一些些是正常的喔。

## 檢視失敗的可能情況

A 戚風蛋糕塌陷時，可能是⋯
1 蛋白打發不足：無足夠有力的蛋白霜可以撐起蛋糕體。
2 打發蛋白霜與蛋黃麵糊拌合過久或過用力，以至蛋白霜消泡了。
3 麵糊倒入烤模後，無立即進烤箱烘烤，所以讓蛋白霜消泡了。
4 烘烤過程中不斷打開烤箱，讓溫度下降了。
5 蛋糕尚未烤熟即出爐：請確認表面輕壓會回彈且有沙沙聲，並以蛋糕探針（竹籤亦可）刺入時不會沾黏麵糊即為烤熟。
6 使用了不沾模具：戚風蛋糕請務必用「非不沾」的戚風模。
7 出爐沒有立即倒扣。

明顯的戚風花

B 戚風蛋糕側邊不是筆直的，
　即「縮腰」了，可能是…
1 低筋麵粉加入蛋黃糊時，拌合過久出筋了。先前有提到，攪拌麵糊請輕柔不需用力，讓整體麵糊呈現滑順即可，就能避免出筋。
2 蛋糕尚未涼透，蛋糕組織尚未穩定就脫模，也會讓蛋糕縮腰。
3 蛋白或液體材料過多，也可能讓蛋糕縮腰。

C 戚風蛋糕底部往內凹陷，可能是…
下火溫度過高或離底火過近，那下次下火溫度再降個10-20℃試試看。

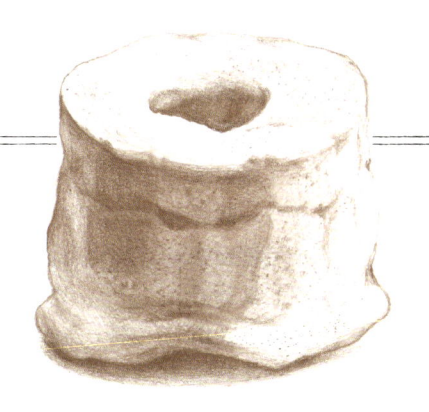

蛋糕體側邊不筆直，即「縮腰」了。

蛋糕的底部往內凹。

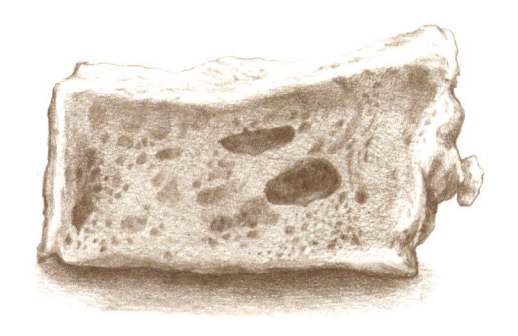

蛋糕體組織的孔洞明顯：下次請確實將打發蛋白霜與蛋黃麵糊拌合均勻，就能避免此情況。

蛋糕表面塌陷且不平整、充滿皺紋。

*Before Baking* ❹

# 3步驟完成！戚風蛋糕裝飾

### *Cake 01*
### 覆盆子鮮奶油戚風蛋糕

裝飾靈感（60-62頁）
- 蛋糕抹面技巧
- 聖諾黑花嘴擠花法
- 紅綠點狀配色頂飾

### *Cake 04*
### 白巧克力紅茶戚風蛋糕

裝飾靈感（69-71頁）
- 白巧克力淋面
- 果乾堆疊裝飾

### *Cake 02*
### 雪花抹茶戚風蛋糕

裝飾靈感（63-65頁）
- 造型糖篩使用法：兩種粉類配色做層次

### *Cake 05*
### 焦糖戚風杏桃蛋糕

裝飾靈感（72-74頁）
- 隨意淋焦糖醬
- 堅果、果乾間隔裝飾

### *Cake 03*
### 雙色戚風蛋糕

裝飾靈感（66-68頁）
- 雙色蛋糕體變化

### *Cake 06*
### 堅果楓糖戚風蛋糕

裝飾靈感（75-77頁）
- 蛋糕抹面技巧
- 堅果碎圍一圈頂飾

戚風蛋糕製作與裝飾

### Cake 07
## 檸檬糖霜戚風蛋糕

裝飾靈感（78-80頁）
- 糖霜隨意淋面
- 黃綠點線配色頂飾

### Cake 10
## 點點藍莓波士頓派

裝飾靈感（88-91頁）
- 鮮奶油抹面技巧
- 點點藍莓裝飾

### Cake 08
## 糖漬橙香戚風蛋糕

裝飾靈感（81-83頁）
- 以繞圈方式擠鮮奶油
- 堅果與果乾的小花頂飾

### Cake 09
## 點金巧克力戚風蛋糕

裝飾靈感（84-87頁）
- 巧克力甘納許隨意淋面
- 可可碎圍一圈頂飾

# 覆盆子鮮奶油戚風蛋糕
## Raspberry Chiffon Cake

用聖諾黑花嘴擠出的奶油花特別專業,甚至有時尚的感覺,
再利用飽滿嬌豔的紅色覆盆子凸顯蛋糕的存在感,
不論是當成生日蛋糕或招待親友都好有面子;
冬天草莓盛產時,用草莓裝飾的效果也很好。

## Prepare

**準備器具**
- 直徑6吋日式戚風模（高10cm）
- 電動攪拌機
- 調理盆
- 打蛋器
- 刮刀
- 聖諾黑花嘴（三能SN7241）

**烤箱溫度**
180℃

**食材**

■ 原味戚風蛋糕體

| | |
|---|---|
| 蛋黃 | 4顆 |
| 植物油 | 40g |
| 鮮奶 | 60g |
| 低筋麵粉 | 70g |
| 蛋白 | 4顆 |
| 細砂糖 | 60g |

■ 香緹鮮奶油

| | |
|---|---|
| 動物性鮮奶油 | 350g |
| 細砂糖 | 35g |
| 蘭姆酒 | 1/2小匙 |

■ 裝飾

| | |
|---|---|
| 覆盆子 | 適量 |
| 開心果碎 | 適量 |
| 防潮糖粉 | 適量 |

戚風蛋糕製作與裝飾 61

*Deco idea* 裝飾靈感

*Step 3*
以覆盆子與開心果碎做紅綠配色頂飾

*Step 2*
聖諾黑花嘴擠花法

*Step 1*
蛋糕抹面技巧

## How to do

**做法**

**【原味戚風蛋糕體】**

1. 請參考52頁起「戚風蛋糕製作」完成一顆戚風蛋糕。於步驟10脫模前,可先切除蛋糕頂部膨發的部分,再進行脫模步驟。

**【香緹鮮奶油】**

2. 請參考33頁「鮮奶油風味變化」完成香緹鮮奶油,並打至6～7分發。

**【裝飾】**

3. 舀取適量的打發鮮奶油,填滿中間孔洞,再依44頁「鮮奶油霜塗抹方式」,塗上打發鮮奶油。

4. 將調理盆內剩下的鮮奶油打至8-9分發,參考39頁「擠花袋的使用方式」,放入聖諾黑花嘴後再裝填鮮奶油。

5. 參考41頁「常用花嘴與樣式」,將花嘴缺口朝上,距離蛋糕外圍約2cm處,垂直拿著擠花袋,以幾乎貼近檯面的方式,不移動地擠出奶油霜。等擠出的奶油霜已近蛋糕外圍後,接著放鬆力氣拉開,並擠滿一圈。

6. 將覆盆子擺在蛋糕中間處,並撒上開心果碎裝飾。

*Point* **可以沾覆一些防潮糖粉在覆盆子表面,營造出立體感。**

# 雪花抹茶戚風蛋糕
## Matcha Chiffon Cake

各種造型糖篩是很好的裝飾工具，不論妝點戚風、杯子蛋糕、塔派⋯等，
都無敵好用，簡單的蛋糕馬上變得不一樣！
有看到喜歡的糖篩，就快點收藏吧，哈哈，這是勸敗文無誤～

## Prepare

**準備器具**
- 直徑8吋日式戚風模（高11cm）
- 電動攪拌機
- 調理盆
- 打蛋器
- 刮刀
- 造型糖篩

**烤箱溫度**
180℃

**食材**

■ **抹茶戚風蛋糕體**
| | |
|---|---|
| 蛋黃 | 7顆 |
| 植物油 | 80g |
| 鮮奶 | 100g |
| 低筋麵粉 | 120g |
| 抹茶粉 | 15-20g |
| 蛋白 | 7顆 |
| 細砂糖 | 110g |

■ **裝飾**
| | |
|---|---|
| 防潮糖粉 | 適量 |
| 抹茶粉 | 適量 |

*Deco idea*
**裝飾靈感**

**Step 1**
造型糖篩使用法：運用兩種粉類來配色（糖粉的白+抹茶的綠），另外也可以用可可粉或其他天然水果粉。

## How to do

**做法**

**【抹茶戚風蛋糕體】**

1 請參考52頁起「戚風蛋糕製作」完成一顆戚風蛋糕。於步驟3時,將抹茶粉與低筋麵粉一起過篩篩入拌勻即可,接著進烤箱烘烤30分鐘左右。

**【裝飾】**

2 取出烤好的抹茶戚風蛋糕,先於蛋糕頂部撒上防潮糖粉。

*Point* 除非是馬上要吃,否則請務必用防潮糖粉來操作,不建議用純糖粉,因為純糖粉一沾附水氣便會生黏並糊化,外觀就不美麗了。撒糖粉時,只需薄薄一層即可,不用撒太厚喔。

3 將喜愛的造型糖篩輕輕擺在蛋糕頂部,撒上抹茶粉,一樣輕輕地、不要晃動地拿起糖篩即完成。

2

3-1

3-2

3-3

## 雙色戚風蛋糕

Matcha and Cranberry Chiffon Cake

利用天然食材所帶出的食物原色也是一種裝飾，
將抹茶的沈穩綠、蔓越莓淡雅的柔粉搭配在一起，不用多餘綴飾，
讓蛋糕本身就是一幅很美、很真的風景。

## Prepare

**準備器具**
- 直徑6吋日式戚風模（高10cm）
- 電動攪拌機
- 調理盆
- 打蛋器
- 刮刀

**烤箱溫度**
180℃

**食材**

■ 抹茶戚風蛋糕體

| | |
|---|---|
| 蛋黃 | 2顆 |
| 植物油 | 20g |
| 鮮奶 | 30g |
| 低筋麵粉 | 35g |
| 抹茶粉 | 4g |
| 蛋白 | 2顆 |
| 細砂糖 | 35g |

■ 蔓越莓戚風蛋糕體

| | |
|---|---|
| 蛋黃 | 2顆 |
| 植物油 | 20g |
| 蔓越莓果汁 | 30g |
| 低筋麵粉 | 35g |
| 天然草莓粉 | 10g |
| 蛋白 | 2顆 |
| 細砂糖 | 35g |

戚風蛋糕製作與裝飾
67

*Deco idea*
**裝飾靈感**

*Step 1*
雙色蛋糕體變化：
除了粉與綠的搭配，還有其他配色，例如使用抹茶粉與可可粉，或抹茶與香草…等，嘗試不同口味配色也很有趣

## How to do

做法

**【抹茶戚風蛋糕體】**

1　請參考52頁起「戚風蛋糕製作」的步驟1-6先完成抹茶戚風麵糊。於步驟3時,將抹茶粉與低筋麵粉一起過篩篩入拌勻即可。

**【蔓越莓戚風蛋糕體】**

2　請參考52頁起「戚風蛋糕製作」的步驟1-6完成蔓越莓戚風麵糊。於步驟2時,用蔓越莓汁取代鮮奶;於步驟3時,將草莓粉與低筋麵粉一起過篩篩入拌勻即可。

3　先將蔓越莓戚風麵糊倒入模具中,再倒入抹茶戚風麵糊,最後參考54頁起「戚風蛋糕製作」步驟7-13,完成一顆戚風蛋糕。

*Point*　一次做兩種口味的麵糊,動作務必快一些,免得蛋白霜消泡囉。

# 白巧克力紅茶戚風蛋糕
## White Chocolate and Black Tea Chiffon Cake

利用白巧克力的柔白色澤,讓紅茶戚風蛋糕彷若穿上一件雪白披肩,
再妝點些亮色系的果乾,整個感覺都亮了起來呢!
記得裝飾時,要趁白巧克力凝固前就先擺上。

## Prepare

**準備器具**
- 直徑6吋日式戚風模（高10cm）
- 電動攪拌機
- 調理盆
- 打蛋器
- 刮刀

**烤箱溫度**
180℃

**食材**

■ **紅茶戚風蛋糕體**

| | |
|---|---|
| 蛋黃 | 4顆 |
| 植物油 | 40g |
| 鮮奶 | 60g |
| 低筋麵粉 | 70g |
| 紅茶末 | 4g |
| 蛋白 | 4顆 |
| 細砂糖 | 65g |

■ **裝飾**

| | |
|---|---|
| 免調溫白巧克力 | 100g |
| 糖漬金桔 | 適量 |
| 薄荷葉 | 適量 |

### Deco idea 裝飾靈感

**Step 1** 白巧克力淋面

**Step 2** 果乾堆疊裝飾：金桔果乾切半，以錯落堆疊的方式擺在蛋糕的一側，不要鋪滿整顆蛋糕

**Step 3** 放上薄荷葉增色

## How to do

### 做法

**【紅茶戚風蛋糕體】**

1　請參考52頁起「戚風蛋糕製作」完成一顆戚風蛋糕，於步驟3先篩入低筋麵粉後，再倒入紅茶末一起拌即可。

*Point*　建議要先將紅茶磨成細末狀，才不會影響口感。

**【裝飾】**

2　將免調溫白巧克力隔水加熱至溶化，或用微波爐（500-600W），每5-10秒取出攪拌均勻至融化也可。

*Point*　免調溫白巧克力融化後的溫度請勿超過40℃。

3　準備一個烤盤，鋪上保鮮膜，將蛋糕擺在蛋糕置涼架上，隨意淋下白巧克力。

*Point*　剩下的、滴落烤盤的白巧克力，可利用烤盤上的保鮮膜包覆起來放冰箱，待下次再使用。

4　可適時用刮刀抹一下白巧克力，讓白巧克力更順利地流瀉至蛋糕側面。

*Point*　相對於黑巧克力，白巧克力會較甜一些，怕甜的朋友可斟酌妝點淋一些就好。

5　趁白巧克力未凝固前，就先裝飾上糖漬金桔、薄荷葉即完成。

# 焦糖戚風杏桃蛋糕
Caramel and Apricot Chiffon Cake

焦糖醬不僅風味迷人，用來妝點蛋糕也是很棒的素材。
利用飽滿的橙色杏桃及翠綠開心果裝飾暗色的焦糖蛋糕體，
再加上一點閃閃的金箔幫襯，讓整個蛋糕瞬間亮了起來，
若沒有杏桃的話，新鮮柳橙瓣也是不錯的選擇。

## Prepare

**準備器具**
- 直徑6吋日式戚風模（高10cm）
- 電動攪拌機
- 調理盆
- 打蛋器
- 刮刀

**烤箱溫度**
180℃

**食材**

■ **焦糖戚風蛋糕體**

| | |
|---|---|
| 蛋黃 | 4顆 |
| 植物油 | 40g |
| 鮮奶 | 60g |
| 焦糖醬 | 2大匙 |
| 低筋麵粉 | 70g |
| 蛋白 | 4顆 |
| 細砂糖 | 35g |

■ **裝飾**

| | |
|---|---|
| 焦糖醬 | 適量 |
| 杏桃＆鳳梨果乾 | 適量 |
| 開心果碎 | 適量 |
| 金箔 | 適量 |

**註：焦糖醬做法請見34頁**

### Deco idea 裝飾靈感

**Step 1** 隨意淋焦糖醬

**Step 2** 以間隔方式擺上兩種素材，以堅果、果乾營造出層次感

**Step 3** 點上少許金箔

## How to do

做法

**【焦糖戚風蛋糕體】**

1 請參考52頁起「戚風蛋糕製作」完成一顆戚風蛋糕,於步驟2時,拌入鮮奶後再拌入焦糖醬即可。

*Point* 從冰箱取出的焦糖醬若質地較硬、不好操作的話,可微波或隔水加熱至質地變軟。

**【裝飾】**

2 用湯匙舀些焦糖醬,隨意淋在蛋糕上。

3 將杏桃、鳳梨果乾、開心果錯落擺上,最後將金箔輕點在杏桃乾上即完成。

2

3-1

3-2

3-3

# 堅果楓糖戚風蛋糕
## Nuts and Maple Chiffon Cake

樸實的楓糖戚風蛋糕搭上同風味的楓糖鮮奶油，
柔白外觀點綴上大地色系的堅果碎，捨棄鋪天蓋地的浮誇裝飾，
只簡單地輕飾一圈，就能給人一種渾然天成的典雅氣質。

## Prepare

**準備器具**
- 直徑6吋日式戚風模（高10cm）
- 電動攪拌機
- 調理盆
- 打蛋器
- 刮刀

**烤箱溫度**
180°C

**食材**

■ **楓糖戚風蛋糕體**
- 蛋黃 ………………… 4顆
- 植物油 ……………… 40g
- 楓糖漿 ……………… 60g
- 低筋麵粉 …………… 70g
- 蛋白 ………………… 4顆
- 細砂糖 ……………… 35g

■ **楓糖鮮奶油**
- 動物性鮮奶油 ……… 300g
- 楓糖漿 ……………… 45g

■ **裝飾**
- 烤焙過的綜合堅果 …… 適量
- 綜合果乾 …………… 適量

*Deco idea*
**裝飾靈感**

*Step 1*
**蛋糕抹面技巧**

*Step 2*
**堅果碎圍一圈頂飾**

## How to do

做法

**【楓糖戚風蛋糕體】**

1 請參考52頁起「戚風蛋糕製作」完成一顆戚風蛋糕，於步驟2時，將楓糖漿取代鮮奶即可。另外，步驟10脫模前，可先切除蛋糕頂部膨發的部分，再進行脫模步驟。

**【楓糖鮮奶油】**

2 請參考33頁「鮮奶油風味變化」完成楓糖鮮奶油，並打至6-7分發。

**【裝飾】**

3 舀取適量的打發鮮奶油，填滿中間孔洞，再依44頁「鮮奶油霜塗抹方式」，塗上打發鮮奶油。

4 將綜合堅果及果乾切碎成適當大小，不要過碎、以免失去口感。

5 沿著蛋糕頂部的外圍撒上一圈堅果碎與果乾碎即完成。

# 檸檬糖霜戚風蛋糕
## Lemon Icing Chiffon Cake

檸檬風味的蛋糕幾乎是人人愛的經典不敗款,
酸香滋味令人口頰留香,加上檸檬顏色討喜又多用途;
不論是綠檸檬或黃檸檬、不論是刨絲或切片,
在蛋糕妝點上都讓人眼睛一亮。

## Prepare

**準備器具**
- 直徑6吋日式戚風模（高10cm）
- 電動攪拌機
- 調理盆
- 打蛋器
- 刮刀

**烤箱溫度**
180℃

**食材**

■ **檸檬戚風蛋糕體**

| | |
|---|---|
| 蛋黃 | 4顆 |
| 植物油 | 40g |
| 新鮮檸檬汁 | 15g |
| 開水 | 45g |
| 低筋麵粉 | 70g |
| 蛋白 | 4顆 |
| 細砂糖 | 70g |

■ **檸檬糖霜**

| | |
|---|---|
| 糖粉 | 120g |
| 新鮮檸檬汁 | 20g |

■ **裝飾**

| | |
|---|---|
| 檸檬皮末 | 少許 |
| 開心果碎 | 適量 |

*Deco idea*
**裝飾靈感**

**Step 1**
糖霜隨意淋面

**Step 2**
以黃檸檬絲與開心果碎交錯擺放成黃綠色頂飾：黃檸檬皮末與蛋糕體色系過於接近，所以錯落地撒一些綠色開心果碎，以增加視覺明亮度。若只使用綠檸檬皮末也可以的

## How to do

做法

**【檸檬戚風蛋糕體】**

1 請參考52頁起「戚風蛋糕製作」完成一顆戚風蛋糕。於步驟2時,將新鮮檸檬汁及水取代鮮奶即可。

**【檸檬糖霜】**

2 將糖粉與檸檬汁拌勻,稠度為緩緩流下狀即可。

*Point 1* 調製時要注意稠度,若過稀的話,糖霜淋下時會似水一般、巴不住蛋糕體,且太濕也會影響蛋糕口感;相反的,若糖霜過稠則不好操作。

*Point 2* 調好的檸檬糖霜需儘快使用,或用保鮮膜包覆起來,否則在空氣中會慢慢變乾。

**【裝飾】**

3 用湯匙舀取適量的檸檬糖霜,沿著蛋糕頂部適量地淋下。

4 可用湯匙背面輔助,讓糖霜適時地流瀉至蛋糕側面。

5 刨些檸檬皮末,趁糖霜凝固前撒在蛋糕頂部的外圍,再撒上開心果碎即完成。

3-1　　　3-2　　　4

5-1　　　5-2　　　5-3

# 糖漬橙香戚風蛋糕
## Candied Orange Chiffon Cake

利用天然健康的翠綠堅果來裝飾橙香風味的蛋糕，
甚至再做一點變化，比方鋪排成花朵樣式，
讓小巧迷你的一人份蛋糕頓時可愛破表～

## Prepare

**準備器具**
- 直徑4吋日式戚風模（高6cm，4個）
- 電動攪拌機
- 調理盆
- 打蛋器
- 刮刀
- 圓孔花嘴（SN7064）

**烤箱溫度**
180℃

**食材**

■ 橙香戚風蛋糕體

| | |
|---|---|
| 蛋黃 | 4顆 |
| 植物油 | 40g |
| 柳橙汁 | 60g |
| 低筋麵粉 | 70g |
| 蛋白 | 4顆 |
| 細砂糖 | 60g |
| 糖漬橙丁 | 40g |

■ 馬斯卡彭鮮奶油

| | |
|---|---|
| 動物性鮮奶油 | 70g |
| 馬斯卡彭起司 | 15g |
| 細砂糖 | 10g |

■ 裝飾

| | |
|---|---|
| 開心果 | 適量 |
| 糖漬橙丁 | 適量 |

---

*Deco idea* 裝飾靈感

**Step 3** 輕撒開心碎點綴

**Step 2** 將開心果與果乾排成小花成頂飾

**Step 1** 以繞圈方式擠鮮奶油

# How to do

## 做法

**【橙香戚風蛋糕體】**

1 請參考52頁起「戚風蛋糕製作」完成一顆戚風蛋糕。於步驟2時，用柳橙汁取代鮮奶；於步驟3時，將低筋麵粉過篩篩入拌勻後，再倒入糖漬橙皮丁略拌勻即可。

**【馬斯卡彭鮮奶油】**

2 請參考33頁「鮮奶油風味變化」完成馬斯卡朋起司鮮奶油，並打至8-9分發。

**【裝飾】**

3 請參考39頁「擠花袋的使用方式」裝入圓形花嘴，再填入鮮奶油。讓花嘴對著蛋糕頂端、呈垂直角度，以非常接近檯面的位置擠出奶油霜，並以繞圈的方式將頂部擠滿，接著放鬆力氣拉開。

4 將開心果切半，並擺成花瓣狀，中間擺上橙皮點綴即完成。

# 點金巧克力戚風蛋糕
## Chocolate Chiffon Cake

只要一裝飾金箔，整個甜點質感立刻貴氣起來，
尤其巧克力蛋糕更是適合以金箔來妝點，
沈穩的可可色系搭上片片金箔，簡約內斂的貴氣渾然天成。

## Prepare

**準備器具**
- 直徑 6 吋日式戚風模（高 10cm）
- 電動攪拌機
- 調理盆
- 打蛋器
- 刮刀
- 小夾子

**烤箱溫度**
180℃

**食材**

■ 可可戚風蛋糕體

| | |
|---|---|
| 蛋黃 | 4 顆 |
| 植物油 | 40g |
| 鮮奶 | 60g |
| 低筋麵粉 | 60g |
| 無糖可可粉 | 15g |
| 蛋白 | 4 顆 |
| 細砂糖 | 65g |

■ 巧克力甘納許

| | |
|---|---|
| 動物性鮮奶油 | 100g |
| 苦甜巧克力 | 70g（72%）|

■ 裝飾

| | |
|---|---|
| 食用金箔 | 少許 |
| 可可碎 | 適量 |

*Deco idea* 裝飾靈感

**Step 1** 巧克力甘納許隨意淋面

**Step 2** 可可碎圍一圈頂飾

**Step 3** 點上少許金箔

## How to do

### 做法

**【可可戚風蛋糕體】**

1 請參考52頁起「戚風蛋糕製作」完成一顆戚風蛋糕。於步驟3時,將無糖可可粉與低筋麵粉一起過篩篩入拌勻即可。

2 參考35頁「甘納許製作」完成巧克力甘納許,待降至微溫備用。

**【裝飾】**

3 準備一個烤盤,鋪上保鮮膜,將蛋糕擺在蛋糕置涼架上,隨意淋下巧克力甘納許。

*Point 1* 需趁甘納許微溫時操作,若冷掉變稠的話,可用微波爐(500-600W)加熱5-10秒再操作,或隔水加熱一下。

*Point 2* 剩下的、滴落烤盤的淋面甘納許,利用烤盤上的保鮮膜包覆起來放冰箱,待下次再使用。

3-1　　3-2

3-3　　3-4

4 可適時用刮刀抹一下甘納許,讓巧克力甘納許更順利地流瀉至蛋糕側面。

5 沿著蛋糕外圍撒上可可碎。

6 最後裝飾食用金箔即可。

*Point* 金箔很輕也很容易沾黏,建議拿把小夾子夾起所需的量,再輕輕擺放在蛋糕上。

4-1

4-2

5

6

# 點點藍莓波士頓派

Blueberry Boston Pie

有時總想把波士頓蛋糕裝飾得華麗些、美煥些，取代那一成不變的頂部撒粉。
將藍莓一圈又一圈連續地鋪排在蛋糕上，
再撒些糖粉營造柔美氛圍，最後以嫩綠薄荷葉點綴，
形成藍綠色的強烈對比，不僅滿足視覺更勾人饞欲～

# Prepare

**準備器具**
- 直徑 8 吋波士頓派盤
- 電動攪拌機
- 調理盆
- 打蛋器
- 刮刀
- 軟質刮板
- 蛋糕轉台
- 倒扣叉

**烤箱溫度**
180℃

**食材**

■ 原味戚風蛋糕體

|  |  |
| --- | --- |
| 蛋黃 | 4顆 |
| 植物油 | 40g |
| 鮮奶 | 40g |
| 低筋麵粉 | 60g |
| 蛋白 | 4顆 |
| 細砂糖 | 60g |

■ 香緹鮮奶油

|  |  |
| --- | --- |
| 動物性鮮奶油 | 250g |
| 細砂糖 | 20g |
| 蘭姆酒 | 1/4小匙 |

■ 裝飾

|  |  |
| --- | --- |
| 新鮮藍莓 | 適量 |
| 薄荷 | 適量 |
| 防潮糖粉 | 適量 |

*Deco idea* 裝飾靈感

*Step 2* 將藍莓分散擺放，當然也可以排成你喜歡的其他樣子或用不同莓果

*Step 3* 撒糖粉並擺上薄荷葉配色

*Step 1* 鮮奶油抹面技巧

## How to do

做法

【原味戚風蛋糕體】

1　請參考52頁起「戚風蛋糕製作」步驟1-6完成原味麵糊。

2　將麵糊倒入派盤中，利用軟質刮板將麵糊往中間聚合。

3　送進預熱至160℃的烤箱，烤35分鐘左右。

*Point*　出爐時，若發現波士頓蛋糕頂部裂了，有可能是烤箱的底火太高。每台烤箱火力不同，下次請降低底火溫度烘烤試試；或可能蛋白霜沒拌勻，請確實將蛋白霜拌勻。

4　出爐後，將派盤提高至15-20cm的地方，往桌上輕震一下。

*Point*　此動作可幫助蛋糕排除熱氣，減少蛋糕表面塌陷。

5　將蛋糕倒扣於倒扣叉上，直至降溫。

6　等蛋糕確實涼了之後，再進行脫模：雙手扶著蛋糕外圍，往中間稍加用力，讓蛋糕邊緣先脫離烤模。

7　在桌上墊條擦拭巾，將派盤輕敲桌面一圈，藉此動作將蛋糕敲落。

【裝飾】

8　將蛋糕再度放回派盤，拿把蛋糕刀橫切。

9　請參考33頁「鮮奶油風味變化」完成香緹鮮奶油，並打至8-9分發，先挖取約2/3量的鮮奶油塗抹在蛋糕底部。

*Point*　中間區塊的奶油可以抹厚一些。

10　擺上適量藍莓。

11　再輕覆蛋糕頂部。

12　將剩下的鮮奶油大致塗抹在蛋糕頂部，再利用軟質刮板來刮平。

13　將藍莓從蛋糕頂部繞著圈擺上，撒些防潮糖粉裝飾，最後以薄荷葉裝飾。

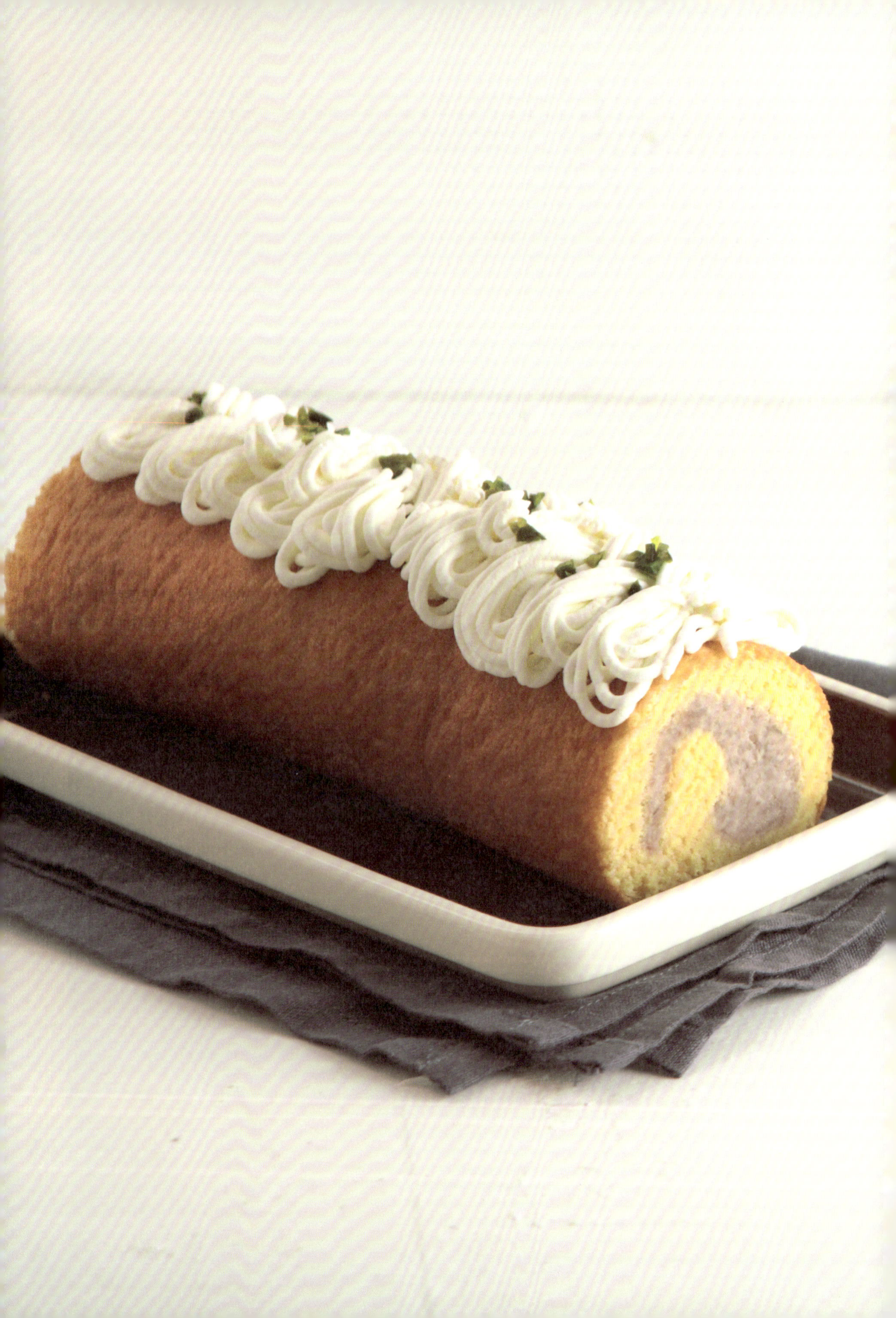

Part

2

# 海綿蛋糕
# 製作與裝飾

海綿蛋糕的變化很多,可以做夾餡,也能做一整條的捲士卷～先學會如何打發全蛋,是開始做海綿蛋糕的第一步,之後再跟著Betty為你的海綿蛋糕做美型裝飾吧。

*Before Baking* ❶

# 如何成功打發全蛋？

---

全蛋中因蛋黃含有脂肪，會使得氣泡較難形成，不似蛋白那麼輕易即可打發，必須藉由隔水加熱的方式，來減緩表面張力才易於打發。

**準備器具**
- 調理盆　・電動攪拌機　・打蛋器

**做法**
## Step1──選擇適當大小的調理盆

取兩個調理盆（或鍋子）一大一小，讓大的調理盆能架在小的調理盆上。
*Point* 不建議小調理盆鍋緣跟大調理盆中的蛋液等高或是更低，因為金屬容易導熱，加熱後，就容易讓蛋液極速升溫甚至煮熟；隔水加熱的目的是，藉由水蒸氣緩慢地由底部加熱蛋液，所以要選擇大小適合的調理盆（或鍋子）。

## Step2──隔水加熱

1 小的調理盆裝水並開火持續加熱。
*Point* 小調理盆的水位不可高過大調理盆的底部，也就是大調理盆底部不要碰到水，以免蛋液很快被煮熟。

2 倒入雞蛋及砂糖至大調理盆中，並用打蛋器攪拌均勻，再移至加熱中的小調理盆上，一樣請持續地攪拌。
*Point 1* 將砂糖倒入雞蛋後，要立即用打蛋器攪拌！因為砂糖會讓雞蛋表面結皮，形成一塊塊細碎的固狀物，就會影響口感。
*Point 2* 加熱期間請一樣用打蛋器持續地攪拌，因為鍋底蛋液加熱後升溫較快，持續地攪拌能讓蛋液溫度盡量一致。

3 加熱至手觸摸蛋液微溫即可離火，若有溫度計最好，測出溫度約在38-40℃間為最佳。
*Point* 要注意溫度，若高於60℃，不僅蛋液會被煮熟，而且一旦超過40℃，質地也會變粗糙。

4 接著，用電動攪拌機以高速持續打發，蛋液紋路會越來越明顯、質地細緻且帶著光澤。若用攪拌棒舀起蛋液時，流下的蛋液有如緞帶般堆疊，可清楚寫出8字且暫時不易消失即可，最後以低速轉個幾圈，讓氣泡細緻即完成全蛋打發。

# Before Baking 2
# 海綿蛋糕製作

### 檢視蛋糕體
- ☑ 蛋糕體表面平坦。
- ☑ 烘烤後,膨脹與模具同高。
- ☑ 整體烤色均勻。

## Prepare

**準備器具**
- 直徑6吋不分離圓模（高 5.5cm）
- 電動攪拌機
- 調理盆
- 打蛋器
- 刮刀
- 耐熱玻璃杯（融化奶油用）

**烤箱溫度**
180℃

**食材**
| | |
|---|---|
| 雞蛋 | 2顆 |
| 細砂糖 | 50g |
| 鮮奶 | 2小匙 |
| 低筋麵粉 | 50g |
| 無鹽奶油 | 20g |

## How to do

做法

**【模具鋪紙】**

1　請參考26頁「如何幫模具鋪紙」裁剪出一個直徑與烤模相等的圓型烘焙紙，作為鋪放模具底部用，再裁剪長50cm、寬5cm的長方形一張，作為覆蓋模具側面用。

*Point*　可刷抹上少許奶油於模具內（份量外的無鹽奶油或植物油），再將裁剪好的烘焙紙覆蓋上，這樣烘焙紙就不易滑動或脫落。

**【打發全蛋及拌合材料】**

2　倒雞蛋與砂糖至調理盆中，將其打發至用攪拌棒舀起蛋液時，流下的蛋液如緞帶般堆疊，可清楚的寫8字且暫時不易消失（請參考94頁「如何打發全蛋」）。

3　裝著蛋液的調理盆加熱至微溫並拿開熱水的同時，就可將無鹽奶油裝入一個耐熱玻璃杯（或小調理盆）中，放熱水中隔水加熱至融化。待奶油融化後即熄火，但仍繼續保溫在熱水中不取出。

*Point*　建議無鹽奶油維持在溫熱狀態（約60℃），等會兒較易與麵糊拌合。

4　將鮮奶倒入步驟2打發的全蛋中，輕柔地拌勻。

*Point*　先加入鮮奶拌勻，等下粉類較好拌合。

5　將低筋麵粉篩入麵糊。

6　以切拌的方式，用刮刀輕柔地拌勻，確實翻拌盆底至麵糊帶著光澤。

*Point*　混拌粉類時，為了不破壞全蛋打發的氣泡，建議「用刮刀從盆底輕柔地將麵糊舀起，當手腕落下的同時，再將刮刀轉為直立（如同

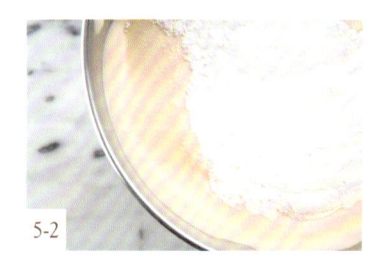

拿菜刀般），並從遠處往近身切開」，一直重複此動作，就像在寫日文の一般，並適時旋轉調理盆，讓每個地方的麵糊都能攪拌到，切記務必輕柔地重複動作至拌勻。

7 將隔水加熱融化的無鹽奶油，分2-3次慢慢地淋在刮刀上，讓刮刀先承接奶油，讓奶油能四散至麵糊表面，最後再拌合均勻。

*Point* 奶油分散的動作是防止奶油一股腦兒倒入，而沉到麵糊底部而不易拌合。

【倒入模具】

8 將麵糊倒入模具中，並提起模具輕敲桌面2-3下，以趕出麵糊中的氣泡。

【烘烤】

9 放進預熱至180℃的烤箱，烘烤20-25分鐘，至輕壓表面有彈性、整體有著均勻的烤色，以蛋糕探針（Cake tester）或竹籤刺入不沾黏麵糊即可出爐。

【冷卻與靜置】

10 出爐後，將模具從10-15cm處輕落桌面，再倒扣蛋糕於冷卻架上，並取下模具。冷卻後，再撕除白報紙。

*Point* 輕落桌面的動作是藉由衝擊力道讓蛋糕裡的水蒸氣快速排出，以減少蛋糕塌陷；而持續倒扣在蛋糕冷卻架上至冷卻，可讓海綿蛋糕的頂部平坦。

6-1

6-2

7

8

10

## Before Baking ③

# 瑞士卷製作

### 檢視蛋糕體
- ☑ 整體烤色均勻。
- ☑ 蛋糕體表面無裂痕。
- ☑ 蛋糕體組織細緻。

## Prepare

**準備器具**
- 25cm 方形模 (高 5cm)
- 電動攪拌機
- 調理盆
- 打蛋器
- 刮刀
- 刮板
- 桿麵棍

**烤箱溫度**
170℃

**食材**

■ 原味戚風蛋糕體
- 雞蛋 ………………… 3顆
- 細砂糖 ……………… 60g
- 鮮奶 ………………… 25g
- 低筋麵粉 …………… 45g
- 無鹽奶油 …………… 20g

■ 香緹鮮奶油餡
請參考33頁「鮮奶油風味變化」做出喜愛的鮮奶油口味。

## How to do

### 做法

【模具鋪烘焙紙】
1. 先將烤模鋪紙。
2. 請參考95頁起「海綿蛋糕製作」完成步驟2-7之打發全蛋、鮮奶以及粉類的拌合。

【倒入模具】
3. 將麵糊倒入模具中,並用刮板抹平,並提起模具輕敲桌面2-3下,以趕出麵糊中的氣泡。

*Point* 倒麵糊時，請先確實鋪滿烤盤的四個角落再抹平，如此蛋糕片出爐時才會是完整方正的。

【烘烤】

4 放進預熱至170℃的烤箱烤12分鐘左右，至輕壓表面有彈性、整體有著均勻的烤色，並以Cake tester（竹籤亦可）刺入時不會沾黏麵糊即可出爐。

【冷卻與靜置】

5 出爐時，一手抓著烘焙紙，將海綿蛋糕從模具中拉出，平移在蛋糕冷卻架並撕開四邊的白報紙（底部除外），直到稍微降溫（約莫3-5分鐘左右）。

【輕柔切拌】

6 待海綿蛋糕降溫後，覆蓋一張比海綿蛋糕還大的烘焙紙，右手伸進蛋糕下方並一鼓作氣逆時針翻轉，即可翻面，再撕開底部的烘焙紙。

*Point 1* 若發現蛋糕表皮沾黏於烘焙紙上，表示表皮尚未烤熟而沾黏，下次可再延長烘烤時間或是上火提高10℃。

*Point 2* 蛋糕靜置降溫時，輕覆一張烘焙紙（白報紙）在上面，可防止蛋糕水分散失。並建議於20-30分鐘內即開始塗餡捲起，因為靜置於空氣中過久，蛋糕水分散失過多會使捲起時容易裂開。

7 在蛋糕靠近自己的這一邊，以每間隔1cm距離切2道刀痕（為開始捲起端），且不要切斷蛋糕體。另離自己較遠那一端（為尾部收口端）斜切。最後蓋上一張烘焙紙，以防乾燥。

*Point* 每間隔1cm距離切2道刀痕，這樣蛋糕捲中心處的弧度會比較漂亮，而遠端斜切則可讓蛋糕捲尾端密合處貼合。

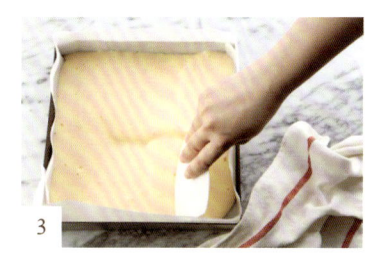

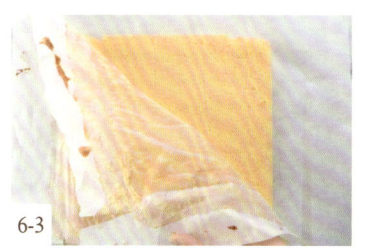

【製作香緹鮮奶油】

8 請參考31頁「鮮奶油奶餡」做法，將鮮奶油打至8-9分發。

【夾餡】

9 將海綿蛋糕抹上打發鮮奶油，而尾端僅需抹上薄薄一層即可。

【冷卻與靜置】

10 將擀麵棍放在烘焙紙下方，利用擀麵棍捲起烘焙紙時，可同步將蛋糕拉起並往前略推。

11 為了不讓中間捲起處太粗，可稍微輕壓一下。

12 繼續拉起白報紙，並順勢一鼓作氣推進，就像捲壽司卷一般。

13 捲好時，將擀麵棍壓在烘焙紙上，稍施力往回頂收緊。

14 最後，讓尾端收口向下，捲緊烘焙紙兩端，放冰箱冷藏1-2小時至定型。

*Point* 捲瑞士卷的口訣：拉起→下壓→往前推→回頂。

15 分切時，可先切除蛋糕兩邊的不規則處。

*Point* 分切塗有奶油餡或奶油夾層的蛋糕，可將蛋糕刀置於瓦斯爐火上方加熱一會兒，再下刀分切，如此蛋糕切口會較平整漂亮。每切一刀，即需擦淨蛋糕刀上的奶油，再置於爐火上加熱，然後再下刀分切，如此重複至分切完畢。

| 7-2 | 8 | 9 |
| 10-1 | 10-2 | 11 |
| 13 | 14-1 | 14-2 |

# Before Baking ④ 海綿蛋糕製作常見問題

## 成功的海綿蛋糕

★ 蛋糕外觀需膨脹得與模具同高。

★ 輕壓蛋糕表面是有彈性的。

★ 切面細緻、無大型孔洞。

★ 整體有著均勻的烤色。

如此的海綿蛋糕,入口才會感受到蛋糕體的彈性與化口的鬆軟。

## 檢視失敗的可能情況

**A 海綿蛋糕塌陷時,可能是…**

1 出爐後未輕敲:用圓形模烘烤的海綿蛋糕,出爐後需從10-15cm的高處輕落桌面,藉由衝擊力道讓蛋糕裡的水蒸氣快速排出,以減少蛋糕塌陷。但若是以淺烤盤烘烤(例如瑞士卷),因為海綿蛋糕面積大且寬,水蒸氣可以快速地排出,所以就不用輕敲的動作。

2 出爐未倒扣冷卻:讓出爐的海綿蛋糕倒扣在冷卻架上靜置至冷卻,可以幫助海綿蛋糕表面平坦。

3 全蛋打發不足。

4 材料攪拌過頭,以至於消泡了。

**B 海綿蛋糕表面都是皺紋時,可能是…**

蛋糕體尚未烤熟:輕壓蛋糕體表面會回彈,蛋糕與模具之間出現空隙,並以蛋糕探針(竹籤亦可)刺入時不會沾黏麵糊才是烤熟。

烘烤過久,蛋糕嚴重縮水。

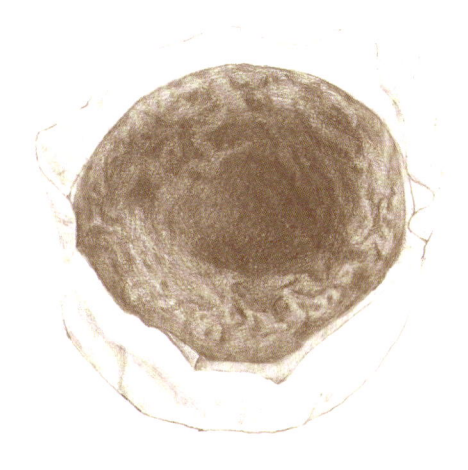

海綿蛋糕表面都是皺紋且不平整。

## Before Baking 5
# 3步驟完成！海綿蛋糕與瑞士卷裝飾

### Cake 01
### 夏日芒果鮮奶油蛋糕

裝飾靈感（104-107頁）
- 水果鮮奶油夾餡技巧
- 星型花嘴滾邊擠花法
- 水果塊排列堆疊做頂飾

### Cake 02
### 焦糖香蕉鮮奶油蛋糕

裝飾靈感（108-111頁）
- 焦糖鮮奶油夾餡法
- 星型花嘴擠花法
- 香蕉片排列堆疊做頂飾

### Cake 03
### 戀戀巧克力蛋糕

裝飾靈感（112-115頁）
- 巧克力甘納許抹面法
- 巧克力飾片做法
- 以金箔點狀裝飾

### Cake 04
### 粉紅莓果蛋糕

裝飾靈感（116-119頁）
- 蛋糕抹面技巧
- 造型糖篩使用訣竅
- 紅綠配色頂飾

### Cake 05
### 綠意哈密瓜鮮奶油蛋糕

裝飾靈感（120-123頁）
- 水果丁鮮奶油夾餡法
- 圓型花嘴擠花法
- 水果球排列做頂飾

### Cake 06
### 蘋果花鮮奶油蛋糕

裝飾靈感（124-127頁）
- 蛋糕抹面技巧
- 以糖漬水果做放射狀排列
- 堅果的點狀裝飾

## Cake 07
### 咖啡巧克力杯子蛋糕

裝飾靈感（128-130頁）
- 巧克力隨意塗餡
- 以銀珠做創意排列裝飾

## Cake 10
### 烤杏仁黑糖蛋糕卷

裝飾靈感（138-141頁）
- 蛋糕抹面技巧
- 蛋糕卷變化版捲法
- 點與線的搭配裝飾

## Cake 08
### 焦糖堅果瑞士卷

裝飾靈感（131-133頁）
- 鋸齒花嘴擠花法
- 幾何線條裝飾法

## Cake 11
### 杏桃蜂蜜抹茶蛋糕

裝飾靈感（142-145頁）
- 蛋糕抹面技巧
- 蛋糕卷變化版捲法
- 巧克力葉片製作

## Cake 09
### 芋泥瑞士卷

裝飾靈感（134-137頁）
- 蒙布朗花嘴擠花法
- 堅果的點狀裝飾

# 夏日芒果鮮奶油蛋糕
## Mango Fresh Cream Cake

夏天豈有不吃鮮甜多汁芒果的道理,切成塊狀錯落鋪排在蛋糕頂部,
甚至連側面也直接裸露出滿滿的芒果,
飽滿的橘黃色加上滿滿的芒果鋪排,是很直接的視覺效果。

## Prepare

**準備器具**
- 直徑6吋不分離圓模（高 5.5cm）
- 電動攪拌機
- 調理盆
- 打蛋器
- 刮刀
- 耐熱玻璃杯（融化奶油用）
- 星型花嘴（三能SN7102）
- 刮刀
- 抹刀
- 蛋糕轉台

**烤箱溫度**
180℃

**食材**

■ 原味海綿蛋糕體
| | |
|---|---|
| 雞蛋 | 2顆 |
| 細砂糖 | 50g |
| 鮮奶 | 2小匙 |
| 低筋麵粉 | 50g |
| 無鹽奶油 | 20g |

■ 香緹鮮奶油
| | |
|---|---|
| 動物性鮮奶油 | 250g |
| 細砂糖 | 20g |
| 蘭姆酒 | 1/2小匙 |

■ 裝飾
| | |
|---|---|
| 芒果 | 適量 |
| 薄荷 | 適量 |

### Deco idea 裝飾靈感

**Step 1** 水果丁夾餡法

**Step 2** 星形花嘴 × 畫圈擠花技巧

**Step 3** 主角水果丁集中擺放 ＋薄荷點綴用

## How to do

做法

**【原味海綿蛋糕體】**

1 請參考95頁起「海綿蛋糕製作」完成一顆海綿蛋糕，待涼備用。

**【香緹鮮奶油】**

2 請參考33頁「鮮奶油風味變化」完成香緹鮮奶油並打至6-7分發。

**【裝飾】**

3 芒果去皮，先切下果核兩邊的果肉，再切塊狀。

4 將蛋糕橫切兩半，備用。

*Point* 蛋糕橫切可利用市售輔助工具，可以讓蛋糕切得很平整。

5 先取切片蛋糕的底部抹上一層薄薄的香緹鮮奶油後，隨意分散地鋪上芒果塊，再抹上一層香緹鮮奶油。

*Point* 較小或不規則的芒果丁儘量鋪排在中間，留些比較漂亮的、切得方正的芒果丁，留在步驟8頂部裝飾用。

6　接著疊上另一片蛋糕，並在蛋糕頂部抹上一層香緹鮮奶油。

7　將剩下的香緹鮮奶油打至8-9分發，並參考39頁「擠花袋使用方式」裝填好鮮奶油，再依41頁「常用花嘴與樣式」之星型花嘴，以滾邊狀沿著蛋糕頂部外圍擠出一圈。

8　最後將芒果丁隨意鋪排在中間處，擺上新鮮薄荷即完成。

*Point* **建議頂飾選用漂亮方正的芒果丁。**

# 焦糖香蕉鮮奶油蛋糕
## Caramel Banana Cream Cake

香蕉是四季都可取得的水果，拿來妝點蛋糕很方便，
切成輪狀再滾上焦糖的光亮釉色，
滿滿鋪排在蛋糕頂部，讓樸實的香蕉也能很閃耀動人。

## Prepare

**準備器具**
- 直徑6吋不分離圓模（高5.5cm）
- 電動攪拌機
- 調理盆
- 打蛋器
- 刮刀
- 耐熱玻璃杯（融化奶油用）
- 星型花嘴（三能 SN7083）
- 刮刀
- 抹刀
- 蛋糕轉台

**烤箱溫度**
180℃

**食材**

■ 原味海綿蛋糕體
| | |
|---|---|
| 雞蛋 | 2顆 |
| 細砂糖 | 50g |
| 鮮奶 | 2小匙 |
| 低筋麵粉 | 50g |
| 無鹽奶油 | 20g |

■ 焦糖鮮奶油
| | |
|---|---|
| 動物性鮮奶油 | 220g |
| 焦糖醬 | 80g |

■ 焦糖香蕉
| | |
|---|---|
| 香蕉 | 2根 |
| 焦糖醬 | 30-40g |
| 薄荷 | 適量 |

註：焦糖醬做法請見34頁

### Deco idea 裝飾靈感

**Step 1** 焦糖鮮奶油夾餡法

**Step 2** 星型花嘴擠花法

**Step 3** 香蕉片排列堆疊做頂飾，最後加上薄荷葉增色

## How to do

做法

**【原味海綿蛋糕體】**

1  請參考95頁起「海綿蛋糕製作」完成一顆海綿蛋糕，待涼備用。

**【焦糖鮮奶油】**

2  請參考33頁「鮮奶油風味變化」完成香緹鮮奶油並打至6-7分發。

**【煮焦糖香蕉】**

3  將香蕉切成約1cm的片狀，再將焦糖醬倒入拌勻。

*Point*  這裡的香蕉不建議挑太熟的太軟爛的。

**【裝飾】**

4  將蛋糕橫切兩半，備用。

*Point*  蛋糕橫切可利用市售輔助工具，可以讓蛋糕切得很平整。

5  先取切片蛋糕的底部抹上一層薄薄的焦糖鮮奶油後，隨意鋪上焦糖香蕉，再薄薄抹上一層焦糖鮮奶油。

6  接著疊上另一片蛋糕，並參考44頁「鮮奶油霜塗抹方式」將海綿蛋糕塗上打發焦糖鮮奶油。

7  將剩下的焦糖鮮奶油打至8-9分發，並參考39頁「擠花袋使用方式」裝填好鮮奶油，再依41頁「常用花嘴與樣式」之星型花嘴沿著蛋糕頂部外圍擠出一圈。

8  最後將焦糖香蕉以繞圈方式由外至內鋪排，擺上新鮮薄荷即完成。

3-1

3-2

5-1

海綿蛋糕製作與裝飾

111

5-2

6-1

7-1

7-2

7-3

8

# 戀戀巧克力蛋糕
## Chocolate Sponge Cake

巧克力是很萬用的素材,不僅可以用來塗抹、淋面,
甚至可以做出造型片狀,只要掌握好溫度,
你也能用巧克力做出各樣簡單的裝飾。

## Prepare

**準備器具**
- 直徑6吋不分離圓模（高5.5cm）
- 電動攪拌機
- 調理盆
- 打蛋器
- 刮刀
- 耐熱玻璃杯（融化奶油用）
- 刮刀
- 抹刀
- 烤盤

**烤箱溫度**
180℃

**食材**

■ 可可海綿蛋糕體
- 雞蛋⋯⋯⋯⋯2顆
- 細砂糖⋯⋯⋯⋯50g
- 鮮奶⋯⋯⋯⋯2小匙
- 低筋麵粉⋯⋯⋯⋯42g
- 無糖可可粉⋯⋯⋯⋯8g
- 無鹽奶油⋯⋯⋯⋯20g

■ 甘納許
- 動物性鮮奶油⋯⋯⋯⋯100g
- 苦甜巧克力⋯⋯⋯⋯100g

■ 巧克力飾片
- 免調溫巧克力⋯⋯⋯⋯50-70g

■ 其他
- 食用金箔⋯⋯⋯⋯適量

海綿蛋糕製作與裝飾 113

*Deco idea* 裝飾靈感

*Step 1* 巧克力甘納許抹面法

*Step 2* 巧克力飾片做法

*Step 3* 以金箔點狀裝飾

## How to do

### 做法

**【可可海綿蛋糕體】**

1　請參考95頁起「海綿蛋糕製作」完成一顆海綿蛋糕,待涼備用。於步驟5時,將無糖可可粉與低筋麵粉一起過篩篩入,拌勻即可。

**【巧克力飾片】**

2　將免調溫巧克力隔水加熱至溶化,或用微波爐(500-600W)每5-10秒取出攪拌均勻至融化亦可。

*Point* 免調溫巧克力的加熱溫度勿超過40℃。

3　取一烤盤,翻到背面,鋪上烘焙紙,利用抹刀將融化的免調溫巧克力抹成約0.2-0.3cm的片狀。

4　將巧克力飾片放冰箱冷藏至定型。

5　取出定型的巧克力飾片,隨意扳成片狀。

**【裝飾】**

6　將蛋糕橫切兩半,備用。

*Point* 利用市售工具輔助切蛋糕,可讓蛋糕切得很平整。

7　請參考35頁「甘納許製作」完成巧克力甘納許,待降至微溫,備用。

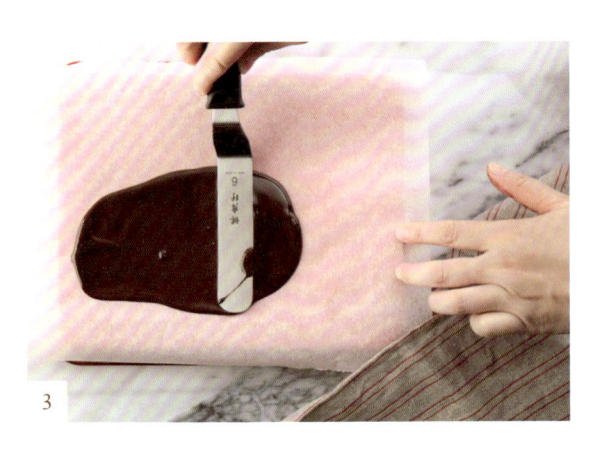

8　取切片蛋糕的底部,先抹上一層巧克力甘納許,接著疊上另一片蛋糕。

9　準備一個烤盤,鋪上保鮮膜,將蛋糕擺在蛋糕置涼架上,隨意將巧克力甘納許淋下。

*Point 1*　需趁甘納許仍微溫時操作,若冷掉變稠的話,可用微波爐(500-600W)加熱5-10秒再操作,或隔水加熱一下。

*Point 2*　剩下的、滴落烤盤的淋面甘納許,可利用烤盤上的保鮮膜包覆起來,放冰箱保存待下次使用。

【裝飾】

10　用刮刀稍微抹一下甘納許,讓甘納許可以流瀉至蛋糕側面,並且將側面塗上甘納許。

11　將步驟5的巧克力飾片貼在蛋糕側面,圍一圈做裝飾。

12　最後,貼上食用金箔即完成。

11-1　11-2

12-1　12-2

## 粉紅莓果蛋糕
### Pink Berries Cake

利用喜愛的糖篩來裝飾蛋糕是輕易就能上手的方式，
而且選擇很多樣！特別選用100%天然草莓粉來製作草莓鮮奶油，
不僅風味濃郁、色澤柔美，又比人工色素來得健康許多，是吧！

## Prepare

**準備器具**
- 直徑6吋不分離圓模（高5.5cm）
- 電動攪拌機
- 調理盆
- 打蛋器
- 刮刀
- 耐熱玻璃杯（融化奶油用）
- 糖篩
- 刮刀
- 抹刀
- 蛋糕轉台

**烤箱溫度**
180℃

**食材**

■ **原味海綿蛋糕體**
| 雞蛋 | 2顆 |
| 細砂糖 | 50g |
| 鮮奶 | 2小匙 |
| 低筋麵粉 | 50g |
| 無鹽奶油 | 20g |

■ **草莓鮮奶油**
| 動物性鮮奶油 | 300g |
| 細砂糖 | 30g |
| 100%天然草莓粉 | 9-11g |

（視喜愛風味調整）

■ **裝飾**
| 覆盆子 | 適量 |
| 開心果碎 | 適量 |
| 防潮糖粉 | 適量 |

海綿蛋糕製作與裝飾

*Deco idea*
裝飾靈感

*Step 3*
紅綠配色頂飾

*Step 2*
使用造型糖篩

*Step 1*
蛋糕抹面技巧

## How to do

做法
**【原味海綿蛋糕體】**
1 請參考95頁起「海綿蛋糕製作」完成一顆海綿蛋糕,待涼備用。

**【草莓鮮奶油】**
2 請參考33頁「鮮奶油風味變化」完成草莓鮮奶油,並打至6-7分發。

**【裝飾】**
3 將蛋糕橫切兩半,備用。

*Point* 利用市售工具輔助切蛋糕,可讓蛋糕切得很平整。

4 取切片蛋糕的底部,先抹上一層薄薄的草莓鮮奶油後,隨意鋪滿覆盆子,再薄薄抹上一層草莓鮮奶油。

5 接著疊上另一片蛋糕,並參考44頁「鮮奶油霜塗抹方式」將海綿蛋糕塗上打發的草莓鮮奶油。

6 將糖篩輕覆於蛋糕頂部,撒上防潮糖粉,再輕輕拿起。

*Point* 拿起糖篩時,若造成蛋糕頂部不平整,可用抹刀修飾一下。若有人可以幫忙拿糖篩那是最好喔～

7 最後,裝飾兩顆覆盆子,其中一顆覆盆子底部沾上防潮糖粉,最後輕撒開心果碎即完成。

4-1

4-2

4-3

海綿蛋糕製作與裝飾

119

5

6-1

6-2

6-3

7-1

7-2

# 綠意哈密瓜鮮奶油蛋糕
## Melon Cream Cake

翠綠的瓜果在夏天很吸睛!
凡是有綠意的哈密瓜、奇異果、麝香葡萄都可以拿來妝點蛋糕～
切記,像瓜果這類多汁的水果,鋪排在蛋糕之前,
請先用廚房紙巾吸除多餘水分,才不會影響蛋糕口感。

## Prepare

**準備器具**
- 直徑 6 吋不分離圓模（高 5.5cm）
- 電動攪拌機
- 調理盆
- 打蛋器
- 刮刀
- 耐熱玻璃杯（融化奶油用）
- 圓型花嘴（三能 SN7067）
- 水果挖球器
- 刮刀
- 抹刀
- 蛋糕轉台

**烤箱溫度**
180℃

**食材**

■ 原味海綿蛋糕體
| | |
|---|---|
| 雞蛋 | 2 顆 |
| 細砂糖 | 50g |
| 鮮奶 | 2 小匙 |
| 低筋麵粉 | 50g |
| 無鹽奶油 | 20g |

■ 香緹鮮奶油
| | |
|---|---|
| 動物性鮮奶油 | 300g |
| 細砂糖 | 30g |
| 白蘭地 | 3/4 小匙 |

■ 裝飾
| | |
|---|---|
| 哈蜜瓜 | 適量 |
| 香草 | 適量 |

*Deco idea* 裝飾靈感

**Step 1** 水果與鮮奶油夾餡法

**Step 2** 圓型花嘴擠花一圈

**Step 3** 以水果球排列做頂飾，另用香草增色點綴

## How to do

### 做法

**【原味海綿蛋糕體】**

1 請參考95頁起「海綿蛋糕製作」完成一顆海綿蛋糕，待涼備用。

**【香緹鮮奶油】**

2 請參考33頁「鮮奶油風味變化」完成香緹鮮奶油，並打至6-7分發。

**【裝飾】**

3 將哈密瓜切半去籽，用水果挖球器挖圓球，作為頂部裝飾用，其餘則切小塊。

*Point* 若沒有水果挖球器的話，也可以用量匙。

4 將蛋糕橫切兩半，備用。

*Point* 利用市售工具輔助切蛋糕，可讓蛋糕切得很平整。

5 取切片蛋糕的底部，先抹上一層薄薄的香緹鮮奶油後，隨意鋪上切塊哈密瓜，再薄薄抹上一層香緹鮮奶油。

6 接著疊上另一片蛋糕,並參考44頁「鮮奶油霜塗抹方式」,將海綿蛋糕塗上打發的香緹鮮奶油。

7 將剩下的香緹鮮奶油打至8-9分發,並參考39頁「擠花袋使用方式」填入鮮奶油,再依41頁「常用花嘴與樣式」的圓型花嘴擠花法,延著蛋糕頂部外圍擠出一圈後,擺上圓球哈密瓜。

8 最後,擺上香草即完成。

# 蘋果花鮮奶油蛋糕
## Apple Cream Cake

蘋果果皮可不要輕易丟棄啊,我們可利用它天然的紅色色素,
將脆白的蘋果肉漬染成嫩嫩的粉紅色,
這道手續不僅讓蘋果滋味豐富濃郁,也讓蘋果蛋糕好優雅、好粉嫩～

## Prepare

**準備器具**
- 直徑6吋不分離圓模（高5.5cm）
- 電動攪拌機
- 調理盆
- 打蛋器
- 刮刀
- 耐熱玻璃杯（融化奶油用）
- 刮刀
- 抹刀
- 蛋糕轉台

**烤箱溫度**
180℃

**食材**

■ 原味海綿蛋糕體
| | |
|---|---|
| 雞蛋 | 2顆 |
| 細砂糖 | 50g |
| 鮮奶 | 2小匙 |
| 低筋麵粉 | 50g |
| 無鹽奶油 | 20g |

■ 香緹鮮奶油
| | |
|---|---|
| 動物性鮮奶油 | 250g |
| 細砂糖 | 25g |
| 白蘭地 | 1/2小匙 |

■ 糖漬蘋果
| | |
|---|---|
| 蘋果 | 2大顆或3小顆（淨重約300g） |
| 水 | 300g |
| 細砂糖 | 75g |
| 檸檬汁 | 15g |

*Deco idea* 裝飾靈感

*Step 3* 堅果的點狀裝飾

*Step 2* 以糖漬水果做放射狀排列

*Step 1* 蛋糕抹面技巧

## How to do

**做法**

【原味海綿蛋糕體】

1　請參考95頁起「海綿蛋糕製作」完成一顆海綿蛋糕，待涼備用。

【糖漬蘋果】

2　將蘋果去皮去籽，再分切成8片，留下蘋果皮。

*Point*　此食譜會用到蘋果皮，故建議使用有機蘋果較佳。

3　將水、砂糖、蘋果皮放入鍋中，一起煮至沸騰。

4　倒入蘋果片、檸檬汁，轉小火煮15-20分鐘，至竹籤可以輕易刺入的軟度即關火。

5　夾出蘋果皮，將蘋果片、糖汁裝瓶，待冷卻後放冰箱冷藏，備用。

【夾餡】

6　請參考33頁「鮮奶油風味變化」完成香緹鮮奶油，並打至6-7分發。

7 將蛋糕橫切兩半,備用。

*Point* 利用市售工具輔助切蛋糕,可讓蛋糕切得很平整。

8 取切片蛋糕的底部,先抹上一層薄薄的香緹鮮奶油後,隨意鋪上蘋果片,再薄薄抹上一層香緹鮮奶油。

*Point* 將糖漬蘋果鋪排在蛋糕上面之前,請先用廚房紙巾吸除多餘水分,才不會影響蛋糕口感。

9 接著疊上另一片蛋糕,並參考「鮮奶油霜塗抹方式」將海綿蛋糕塗上打發的香緹鮮奶油。

【裝飾】

10 將蘋果片(同樣先吸去水分)沿著蛋糕外圍擺內外兩圈,呈現放射狀,最後撒些開心果碎裝飾即完成。

# 咖啡巧克力杯子蛋糕
Coffee and Chocolate Cupcake

咖啡與巧克力是天生合拍的風味組合，
但兩者都是深色系，要如何讓人眼睛一亮，找到亮點呢？
這時，市售食用糖珠就是不錯的選擇，一顆顆渾圓晶亮的珠子，
隨意排列出屬於自己特色的風格杯子蛋糕吧！

# Prepare

**準備器具**
- 6入馬芬模
- 電動攪拌機
- 調理盆
- 打蛋器
- 刮刀
- 耐熱玻璃杯（融化奶油用）
- 刮刀

**烤箱溫度**
180℃

**食材**

■ **咖啡杯子蛋糕**
| | |
|---|---|
| 雞蛋 | 2顆 |
| 細砂糖 | 50g |
| 鮮奶 | 2小匙 |
| 即溶咖啡粉 | 4g |
| 低筋麵粉 | 50g |
| 無鹽奶油 | 20g |

■ **巧克力甘納許**
| | |
|---|---|
| 動物性鮮奶油 | 25g |
| 苦甜巧克力 | 25g |

■ **裝飾**
| | |
|---|---|
| 糖珠 | 適量 |

*Deco idea*
裝飾靈感

*Step 1*
巧克力隨意塗餡

*Step 2*
以銀珠做創意排列：
比方排圖案、排字母，混用
不同顏色的珠珠也很有趣

## How to do

做法

**【咖啡杯子蛋糕】**

1 於馬芬模中鋪上紙模。

2 將鮮奶與即溶咖啡粉裝入耐熱杯中,再以微波加熱融化咖啡粉即完成咖啡液,放涼備用。

3 請參考95頁「海綿蛋糕製作」步驟1-8完成海綿蛋糕麵糊。於步驟4時,以上述咖啡液取代鮮奶,在步驟8的麵糊完成攪拌時,用湯匙將麵糊舀入馬芬模中約9分滿。

4 放進預熱至180℃的烤箱烤12-15分鐘,用蛋糕探針刺入麵糊不沾黏即可出爐。出爐後,將蛋糕放在烤架上待涼。

**【裝飾】**

5 請參考35頁「甘納許製作」完成巧克力甘納許,待降至微溫。

6 用小湯匙塗抹適量的巧克力甘納許在杯子蛋糕頂部。

7 最後,用夾子夾糖珠排列裝飾即完成。

海綿蛋糕製作與裝飾　131

# 焦糖堅果瑞士卷
### Caramel Nut Roll Cake

家常糕點的裝飾不需過多，有時只要幾條幾何線條，
就能呈現出一種簡約的美感，
尤其當你想要表達出家庭手作那樸實、溫馨的心意時，
這種不造作的裝飾就很適合。

## Prepare

**準備器具**
- 25cm方形模（高5cm）
- 電動攪拌機
- 調理盆
- 打蛋器
- 刮刀
- 刮板
- 擀麵棍
- 鋸齒花嘴（三能SN 7055）

**烤箱溫度**
170℃

**食材**

■ 原味海綿蛋糕體

| | |
|---|---|
| 雞蛋 | 3顆 |
| 細砂糖 | 60g |
| 鮮奶 | 25g |
| 低筋麵粉 | 45g |
| 無鹽奶油 | 20g |

■ 焦糖鮮奶油

| | |
|---|---|
| 動物性鮮奶油 | 100g |
| 焦糖醬 | 40g |

■ 裝飾

| | |
|---|---|
| 香緹鮮奶油 | 適量 |
| 烤杏仁片 | 適量 |

**註：焦糖醬做法請見34頁**

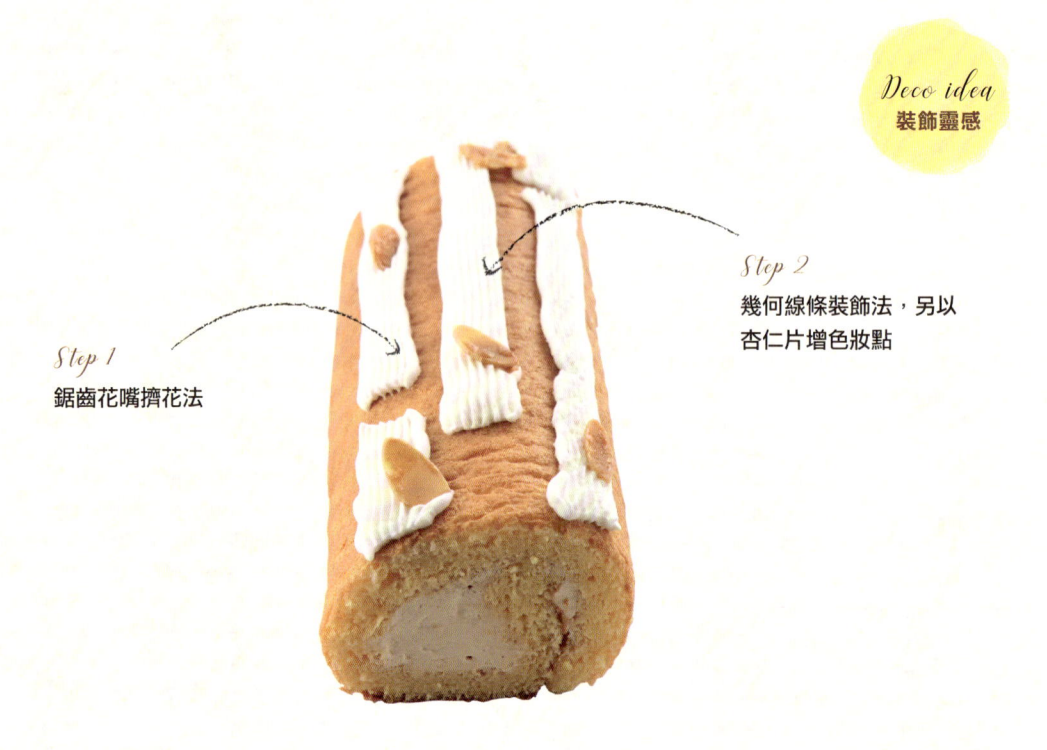

### Deco idea 裝飾靈感

**Step 1** 鋸齒花嘴擠花法

**Step 2** 幾何線條裝飾法，另以杏仁片增色妝點

## How to do

做法

**【原味海綿蛋糕體】**

1　請參考98頁起「瑞士卷製作」完成步驟1-7。

**【裝飾】**

2　請參考33頁「鮮奶油風味變化」完成焦糖鮮奶油，並打至8-9分發。

3　再參考100頁「瑞士卷製作」完成步驟9-14。

**【裝飾】**

4　請參考39頁「擠花袋使用方式」填入香緹鮮奶油，再依41頁「常用花嘴與樣式」的鋸齒花嘴擠花法，沿著蛋糕頂部擠出三條不連續紋路。

5　最後，撒一些烤杏仁片即完成。

*Point*　烤杏仁片的詳細做法請參考139頁的烤杏仁黑糖蛋糕。

# 芋泥瑞士卷

Taro Roll Cake

自己做的芋泥無色素、無添加劑，
它原本紫紫、灰灰的天然色調是最健康的，甚至還吃得到顆粒感。
利用蒙布朗花嘴擠出多重柔美的8字型線條，
讓原本樸實的芋泥卷蛻變成優雅氛圍。

# Prepare

**準備器具**
- 25cm方形模（高5cm）
- 電動攪拌機
- 調理盆
- 打蛋器
- 刮刀
- 刮板
- 擀麵棍
- 蒙布朗花嘴

**烤箱溫度**
170°C

**食材**

■ 原味海綿蛋糕體

| 雞蛋 | 3顆 |
|---|---|
| 細砂糖 | 60g |
| 鮮奶 | 25g |
| 低筋麵粉 | 45g |
| 無鹽奶油 | 20g |

■ 芋泥餡

| 芋頭 | 240g |
|---|---|
| 細砂糖 | 60g |
| 無鹽奶油 | 30g |
| 動物性鮮奶油 | 60g |

■ 香緹鮮奶油

| 動物性鮮奶油 | 100g |
|---|---|
| 細砂糖 | 10g |
| 蘭姆酒 | 1/4小匙 |

■ 裝飾

| 開心果碎 | 適量 |
|---|---|

*Deco idea* 裝飾靈感

**Step 1** 蒙布朗花嘴擠花法

**Step 2** 以堅果做點狀裝飾

## How to do

**做法**

**【芋泥餡】**

1 將芋頭切小塊,放進電鍋的內鍋,覆蓋上一張廚房紙巾,外鍋放1.5-2杯的過濾水,按下開關蒸熟後取出(蒸至用筷子可輕易插入的軟度)。

*Point* 建議將芋頭片成薄片,會更快蒸熟透;覆蓋廚房紙巾是防止水蒸氣滴落。

2 趁熱將蒸熟的芋頭、砂糖、無鹽奶油,放入食物調理機中攪打成泥狀,再適量倒入鮮奶油並攪勻,備用。

*Point 1* 需趁芋泥還熱時,儘快拌入糖、奶油,才能利用芋泥的熱度融化糖及奶油。

*Point 2* 不要一次全下完鮮奶油,需視芋泥的稠度來增減鮮奶油用量;若無食物調理機的話,也可用叉子慢慢將芋頭搗成泥狀。

【原味海綿蛋糕體】
3 請參考98頁起「瑞士卷製作」完成步驟1-7。

【夾餡】
4 用抹刀將步驟2的芋頭泥平鋪在蛋糕皮上。
5 請參考100頁「瑞士卷製作」完成步驟10-14。
6 請參考33頁「鮮奶油風味變化」完成香緹鮮奶油，並打至6-7分發。

7 請參考39頁「擠花袋使用方式」填入香緹鮮奶油，再依41頁「常用花嘴與樣式」的蒙布朗花嘴擠花法，沿著蛋糕頂部擠出交錯的8字型。
8 最後，裝飾開心果碎即完成。

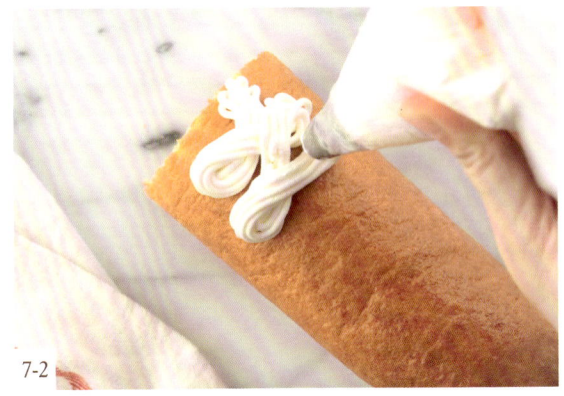

7-1

7-2

7-3

8

# 烤杏仁黑糖蛋糕卷

Almond and Brown Sugar Cake

蛋糕的裝飾不一定只有典雅、柔美風,也可以很隨性、很粗獷的。
以蛋糕卷的做法為底,再特意讓內餡裸露出來、隨性塗抹鮮奶油就能完成,
是不是有種不拘小節的野性美呢?

## Prepare

**準備器具**
- 25cm 方形模（高 5cm）
- 電動攪拌機
- 調理盆
- 打蛋器
- 刮刀
- 刮板
- 桿麵棍
- 刮刀
- 抹刀
- 蛋糕轉台

**烤箱溫度**
170℃

**食材**

■ 原味海綿蛋糕體
- 雞蛋 ………………………… 3顆
- 細砂糖 ……………………… 60g
- 鮮奶 ………………………… 25g
- 低筋麵粉 …………………… 45g
- 無鹽奶油 …………………… 20g

■ 黑糖蜜鮮奶油
- 動物性鮮奶油 …………… 250g
- 黑糖蜜 ……………………… 25g

■ 烤杏仁片
- 細砂糖 ……………………… 34g
- 水 …………………………… 25g
- 杏仁片 ……………………… 適量

*Deco idea*
裝飾靈感

*Step 3* 點與線的搭配裝飾

*Step 2* 蛋糕卷變化版捲法

*Step 1* 蛋糕抹面技巧

## How to do

### 做法

**【烤杏仁片】**

1　先將砂糖及水倒入鍋中,煮至沸騰,備用。

2　以不重疊的方式,將適量杏仁片平鋪在鋪了烤盤紙的烤盤上,於杏仁片表面刷上步驟2的糖水。

3　放進預熱至180℃的烤箱,烤8-10分鐘至上色後取出,放涼備用。

**【原味海綿蛋糕體】**

4　請參考98頁起「瑞士卷製作」步驟1-6完成蛋糕麵糊。

**【裝飾】**

5　請參考33頁「鮮奶油風味變化」完成黑糖鮮奶油,並打至6-7分發。

6　將蛋糕片切成均等的5片。

7　取用步驟5的黑糖鮮奶油170-180g,均勻地抹在步驟6的蛋糕片上。

*Point* 儘量將奶油餡均勻鋪平,捲起來的樣子才會好看。

8　先取一片蛋糕片,並捲成圓柱狀。

9　再將剩餘的4片依序包覆在步驟8的蛋糕卷上,建議稍微用力,好讓蛋糕片能夠服貼。

10　用烘焙紙或保鮮膜將蛋糕外圍包覆一圈,再放冰箱冷藏1小時,可幫助蛋糕定型固定。

11　將步驟5剩餘的黑糖鮮奶油,隨意地塗抹在蛋糕外圍。

12　最後隨意於頂部撒上烤杏仁片、香草裝飾即完成。

海綿蛋糕製作與裝飾

# 杏桃蜂蜜抹茶蛋糕
## Apricot and Matcha Cake

這是一款隱含手作者小心機的蛋糕,簡約雅致的外觀,
一經切開後,仔細一瞧,居然不是一般常見蛋糕的橫式切面,
而是如樹幹年輪般的直式排列,是不是很別緻呢。
另果乾的部分亦可隨喜好、時令來變換。

## Prepare

**準備器具**
- 25cm 方形模（高 5cm）
- 電動攪拌機
- 調理盆
- 打蛋器
- 刮刀
- 刮板
- 麵棍
- 抹刀
- 蛋糕轉台

**烤箱溫度**
170℃

**食材**

■ 抹茶海綿蛋糕體
雞蛋 ………………… 3顆
細砂糖 ……………… 60g
鮮奶 ………………… 25g
低筋麵粉 …………… 45g
抹茶粉 ……………… 6g
無鹽奶油 …………… 20g

■ 抹茶鮮奶油
動物性鮮奶油 ……… 350g
細砂糖 ……………… 35g
蜂蜜 ………………… 10g
抹茶 ………………… 7g

■ 裝飾
杏桃乾 …………… 5顆左右
免調溫白巧克力 …… 適量

*Deco idea*
裝飾靈感

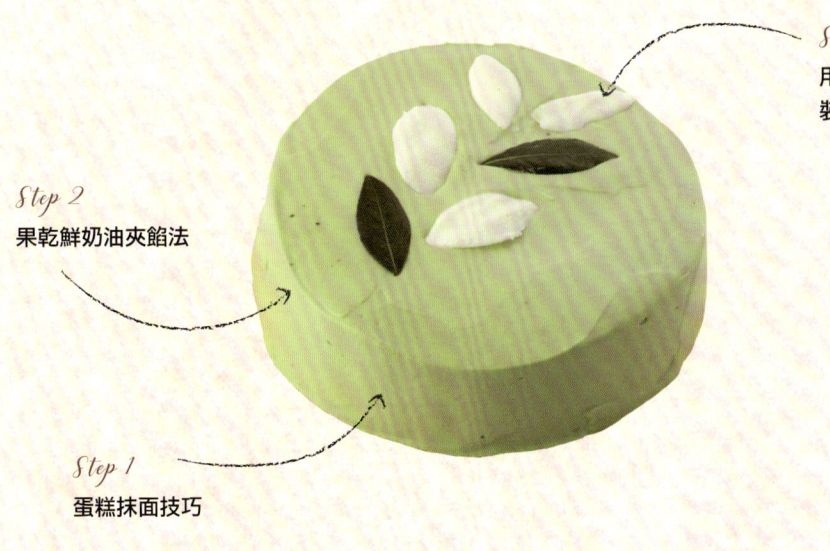

*Step 3*
用白巧克力做出
裝飾用葉片

*Step 2*
果乾鮮奶油夾餡法

*Step 1*
蛋糕抹面技巧

## How to do

做法

**【抹茶海綿蛋糕體】**

1　請參考98頁起「瑞士卷製作」步驟1-6完成蛋糕麵糊,並將抹茶粉與低筋麵粉一起過篩,拌入麵糊。

**【抹茶鮮奶油】**

2　請參考33頁「鮮奶油風味變化」完成抹茶鮮奶油,並打至6-7分發。

3　依照140-141頁的「烤杏仁黑糖蛋糕」步驟6-7,完成蛋糕塗餡。

4　將杏桃乾切成小丁,均勻撒在步驟3的蛋糕片上。

5　依照140-141頁的「烤杏仁黑糖蛋糕」步驟8-10完成抹茶蛋糕卷。

6　請參考44頁「鮮奶油霜塗抹方式」,取用步驟2剩餘的抹茶鮮奶油,塗在海綿蛋糕上。

【巧克力葉片】

7　先撿一些樹葉洗淨,擦乾水分後,備用。

*Point*　**儘量選厚一點的葉片,會較好操作。**

8　將白巧克力放入耐熱杯中,以微波方式融化,取出拌勻一下。

*Point*　**微波時,請以5~10秒為加熱單位,適時取出查看,若未融化再加熱5-10秒;亦可用隔水加熱的方式融化。**

9　將樹葉表面沾覆上白巧克力,再放冰箱冷藏至定型。

10　等白巧克力定型後,即撕除葉片。

11　將白巧克力葉片與綠色葉片裝飾於蛋糕上即完成。

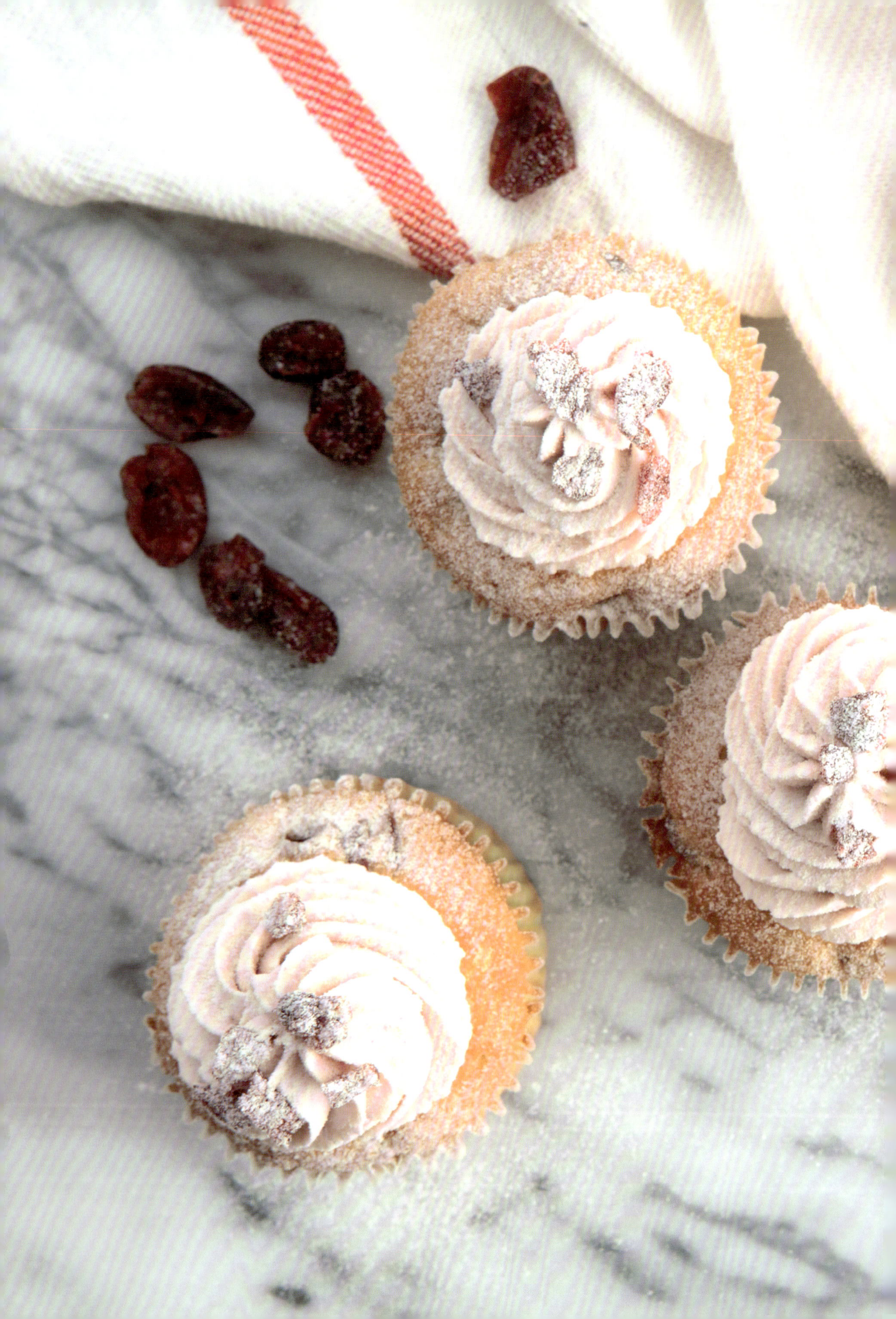

Part

# 3

## 磅蛋糕
## 製作與裝飾

做磅蛋糕包含了各種入模方式,例如迷你可愛的瑪德蓮、一口食的杯子蛋糕…等,口感特色是扎實濃郁~先學會如何打發奶油,是開始做磅蛋糕的第一步,之後再跟著Betty為你的磅蛋糕做美型裝飾吧。

## Before Baking 1
# 如何成功打發奶油？

1. 無鹽奶油請先置於室溫回軟，其最佳硬度為「手指可以輕易地插入奶油中」。奶油若過軟或過硬，都會導致無法充分打入空氣。
2. 建議將無鹽奶油切小塊，回溫速度會比較快些。

**準備器具**
- 調理盆　・電動攪拌機　・刮刀

**做法**

### Step1──先壓拌砂糖至奶油中

將室溫軟化的無鹽奶油及砂糖放入調理盆，將砂糖先壓拌進無鹽奶油中。此動作是防止等會兒用電動攪拌機高速攪打時，砂糖會四處噴濺的狀況。

### Step2──用電動攪拌機攪打奶油至白、變鬆發

開始攪打前，奶油是乳黃色，一旦持續攪打奶油至充滿空氣時，其顏色會變較白、體積增加，所以狀態會呈現「鬆發的絨毛狀」。

# Before Baking ②
# 磅蛋糕製作

### Check 檢視蛋糕體
- ☑ 用蛋糕探針刺入蛋糕中，不會沾黏。
- ☑ 用手按壓蛋糕體是有彈性的。

## Prepare

**準備器具**
- 6吋圓形模
- 電動攪拌機
- 調理盆
- 刮刀

**烤箱溫度**
170℃

**食材**
- 無鹽奶油 ………… 100g
- 細砂糖 …………… 80g
- 常溫雞蛋 ………… 2顆
- 低筋麵粉 ………… 100g
- 無鋁泡打粉 ……… 1小匙
- 鮮奶 ……………… 2大匙

## How to do

**做法**

【於模具鋪紙】
1 在模具中先鋪上烘焙紙。（請參照26頁「如何幫模具鋪紙」）。

【打發奶油霜】
2 將室溫軟化的無鹽奶油與砂糖打發至奶油顏色變白色的鬆發絨毛狀（請參考148頁「如何成功地打發奶油」）。

## How to do

**【加入蛋液】**

3　先舀入2大匙麵粉於打發的奶油霜中並拌勻。

*Point*　此動作是防止等會兒加入雞蛋時，可能因為乳化不成功而造成的油水分離，所以才要先加麵粉。

4　將雞蛋打散，每次約1-2大匙的量加入打發的奶油霜中，每加一次都要仔細攪拌至蛋液吸收，才能再加入下一次，完成時的麵糊會呈現滑順狀。

*Point 1*　務必使用常溫雞蛋，先從冰箱取出雞蛋放室溫1-2小時回溫，或浸泡溫熱水至不冰的程度亦可。如果雞蛋溫度過低，會讓奶油變硬，不易與雞蛋乳化而造成油水分離。

*Point 2*　需少量少量加入雞蛋，讓奶油霜吸收後再倒入，這慢慢乳化的過程能讓蛋糕體質地細緻；而過量的蛋液會讓奶油來不及乳化，同樣會造成油水分離。

**【拌入粉類】**

5　將低筋麵粉、泡打粉一起篩入，以刮刀仔細地拌勻至看不見粉類且呈現光澤的狀態。

**【加入風味】**

6　最後加入鮮奶，一樣攪拌均勻。

**【入模烘烤】**

7　將麵糊倒入模具中，於桌面輕敲2-3下，讓麵糊均勻填滿個角落，再用刮刀將麵糊輕推至模具周圍，讓中間呈現略為下凹狀。

*Point*　圓形模具的麵糊中間較不易熟透，所以將麵糊輕推至四周，可幫助麵糊受熱。

8　送進預熱至170℃的烤箱烤35-40分鐘左右，只要以Cake tester（竹籤亦可）刺入時不會沾黏麵糊即為烤熟。

**【脫模冷卻】**

9　出爐後，將模具從10-15公分處輕落桌面，並立即脫模，再放在蛋糕冷卻架上。放至用手能觸摸的溫度後，即先撕除烘焙紙，靜待蛋糕體降至微溫，最後用保鮮盒或保鮮袋密封起來至冷卻。

*Before Baking* ❸

# 磅蛋糕製作常見問題

## 成功的磅蛋糕

★ 蛋糕切面質地細緻。

★ 整體有著均勻烤色。

## 檢視失敗的可能情況

**A 磅蛋糕吃起來粗糙、甚至像「粿」時…**

1 奶油未確實放室溫軟化。

2 雞蛋溫度過低而使奶油硬化，造成乳化過程失敗。雞蛋加入奶油中並使其均勻混合的過程叫做「乳化」，乳化成功的麵糊質地滑順；若乳化不成功，造成麵糊油水分離、質地有如破碎四散的豆花，蛋糕質地就會變粗糙。

3 每次加入的蛋液量太多。

蛋糕切面質地粗糙，而且有不均勻的色塊。

### More to Know
### 磅蛋糕麵糊油水分離了，還有救嗎？

**油水分離**

在油水分離的初期，也就是看見麵糊已稍微出現不滑順，有些許「碎豆花」狀時，可以快速加入「配方中一半的麵粉」做攪拌，麵粉能幫助吸收分離的水分，並稍微補救油水分離。但若已經出現大量油水分離，則不建議再繼續操作下去。

# Before Baking 3
# 3步驟完成！磅蛋糕裝飾

## Cake 01
### 維多利亞蛋糕

裝飾靈感（154-156頁）
- 蛋糕夾餡技巧
- 蛋糕抹面技巧
- 以覆盆子做頂飾

## Cake 02 橙香起士蛋糕

裝飾靈感（157-159頁）
- 蛋糕抹面技巧
- 放射狀的橙瓣排列
- 立體橙片扭轉做法

## Cake 03
### 鳳梨翻轉蛋糕

裝飾靈感（160-162頁）
- 焦糖鳳梨煮法
- 翻轉蛋糕做法
- 糖漬水果片排列法

## Cake 04
### 花漾檸檬奶餡磅蛋糕

裝飾靈感（163-165頁）
- 星型花嘴的玫瑰造型擠花法
- 星型花嘴的點狀擠花法

## Cake 05
### 白巧克力紅茶磅蛋糕

裝飾靈感（166-168頁）
- 星型花嘴的圈圈擠花法
- 造型巧克力飾片製作方式

## Cake 06
### 蝴蝶翩翩杯子蛋糕

裝飾靈感（169-171頁）
- 星型花嘴的玫瑰造型擠花法
- 切半蛋糕的裝飾法

## Cake 07
### 柔粉雙莓杯子蛋糕

裝飾靈感（171-174頁）
- 星型花嘴的圈圈擠花法
- 用同色系果乾碎做頂飾

## Cake 10
### 森林莓果巧克力磅蛋糕

裝飾靈感（181-183頁）
- 以草莓巧克力做出裙邊顏色
- 讓較大體積的果乾、果實做主視覺，以糖珠、堅果碎細部點綴

## Cake 08
### 覆盆子白巧瑪德蓮

裝飾靈感（175-177頁）
- 沾裹白巧克力做出層次
- 以果乾碎局部點綴增色

## Cake 09
### 巧克力奶酒瑪德蓮

裝飾靈感（178-180頁）
- 以巧克力做出雙色層次
- 用牛奶巧克力畫線條

# 維多利亞蛋糕
## Victoria Sponge Cake

維多利亞蛋糕算是經典磅蛋糕中的經典,
也可說是款簡單甚至隨性的蛋糕,只要依循Betty的諸多小提示,
也可成就出一顆俏皮又雅緻上相的優雅蛋糕喔!

## Prepare

**準備器具**
- 6吋圓形模
- 電動攪拌機
- 調理盆
- 刮刀

**烤箱溫度**
170℃

**食材**

■ 原味磅蛋糕體
| | |
|---|---|
| 無鹽奶油 | 100g |
| 細砂糖 | 80g |
| 常溫雞蛋 | 2顆 |
| 低筋麵粉 | 100g |
| 無鋁泡打粉 | 1小匙 |
| 牛奶 | 2大匙 |

■ 香緹鮮奶油
| | |
|---|---|
| 鮮奶油 | 100g |
| 細砂糖 | 10g |
| 蘭姆酒 | 1/4小匙 |

■ 裝飾
| | |
|---|---|
| 草莓果醬 | 適量 |
| 覆盆子 | 適量 |

*Deco idea*
**裝飾靈感**

*Step 3* — 以覆盆子做頂飾

*Step 2* — 蛋糕抹面技巧

*Step 1* — 蛋糕夾餡技巧

## How to do

做法

【原味磅蛋糕體】
1 請參考149頁起「磅蛋糕製作」完成一顆磅蛋糕。

【香緹鮮奶油】
2 請參考33頁「鮮奶油風味變化」完成香緹鮮奶油，並打至8-9分發。

【裝飾】
3 將蛋糕橫切一半。
4 取蛋糕底片，適量塗上草莓果醬（或覆盆子果醬、其他果醬亦可）。

*Point* 盡量將邊緣塗滿，這樣完成的蛋糕側面才可以看到果醬的存在。

5 取香緹鮮奶油60-70g，隨意地塗抹於果醬上面。

*Point* 請留下邊緣約1cm不要塗到，因為等下覆蓋蛋糕頂片時，就會稍微下壓、奶油餡則會自動補滿至邊緣了。

6 將蛋糕頂部覆蓋上，再稍微下壓。
7 將剩餘香緹鮮奶油隨意地塗抹在頂部，最後擺上覆盆子裝飾即完成。

# 橙香起士蛋糕
## Orange and Mascarpone Cake

柳橙的多變性最適合來妝點蛋糕了，而且素材取得容易。
不論是橙黃的新鮮果肉或糖漬成裝飾橙片，
在視覺上的豐富度都是非常吸睛的。

## Prepare

**準備器具**
- 6吋圓形模
- 電動攪拌機
- 調理盆
- 刮刀
- 耐熱容器
- 鍋子

**烤箱溫度**
170°C

**食材**

■ 柳橙磅蛋糕體

| | |
|---|---|
| 無鹽奶油 | 100g |
| 細砂糖 | 80g |
| 橙橙皮末 | 1/3-1/2顆 |
| 常溫雞蛋 | 2顆 |
| 低筋麵粉 | 100g |
| 無鋁泡打粉 | 1小匙 |
| 橙酒 | 2大匙 |

■ 起司奶油餡

| | |
|---|---|
| 馬斯卡彭起司 | 60g |
| 蜂蜜 | 10g |
| （視喜愛甜度調整） | |
| 鮮奶油 | 45-50g |
| 橙皮 | 適量 |

■ 裝飾橙片

| | |
|---|---|
| 柳橙 | 1顆 |
| 細砂糖 | 30g |
| 水 | 150g |
| 柳橙 | 1-2顆 |

*Deco idea*
裝飾靈感

*Step 1*
蛋糕抹面技巧

*Step 2*
將橙瓣擺放成放射狀

*Step 3*
以扭轉橙片做出立體頂飾

## How to do

做法

**【裝飾橙片】**

1　煮一鍋水沸騰後熄火,再將洗淨的柳橙放入浸泡一會兒,再取出刷洗乾淨。

*Point*　若柳橙非有機的,可浸泡一下滾水,以去除柳橙表皮上的農藥。

2　將步驟1的柳橙放涼,切片成0.5cm厚的薄片,裝入耐熱容器,備用。

*Point*　若有切片料理器的話,則能更方便地片成均勻的厚度。

3　將細砂糖30g、水150g倒入另一鍋中煮沸後,立即倒入步驟2中,待降溫後,放冰箱冷藏一晚。

**【柳橙磅蛋糕體】**

4　請參考149頁「磅蛋糕製作」完成一顆磅蛋糕。於步驟2時,加入橙皮一起打發,步驟6以橙酒取代鮮奶。

**【起司奶油餡】**

5　將奶油餡的材料全部拌勻即可。

**【裝飾】**

6　取1-2顆柳橙先去頭尾,再去皮,沿著薄膜取下橙肉後,放紙巾上吸取多餘汁液。

7　將磅蛋糕翻面,讓原本的平坦頂部朝上。

8　以抹刀先在平坦的蛋糕面上隨意塗上奶油餡。

9　將橙肉擺放在奶油餡上。

10　將步驟3的裝飾橙片劃出一刀口,放紙巾上吸取多餘汁液。

11　將橙片捲成S型,擺放在橙肉上即完成。

# 鳳梨翻轉蛋糕

Pineapple Upside-down Cake

誰說裝飾一定是擠鮮奶油、擺飾片呢？
將水果自然的態樣、色澤表現在蛋糕體上也是很美的，
利用翻轉蛋糕的製作手法，簡單就能做出有色彩的小裝飾感。

## Prepare

**準備器具**
- 6吋圓形模
- 電動攪拌機
- 調理盆
- 刮刀
- 平底鍋
- 6.5 及 2.5cm 的壓模

**烤箱溫度**
180℃

**食材**

■ **檸檬橙香磅蛋糕體**

| | |
|---|---|
| 雞蛋 | 2顆 |
| 無鹽奶油 | 100g |
| 細砂糖 | 80g |
| 檸檬皮末 | 1/3~1/2顆 |
| 常溫雞蛋 | 2顆 |
| 低筋麵粉 | 100g |
| 無鋁泡打粉 | 1小匙 |
| 橙酒 | 2大匙 |

■ **焦糖鳳梨**

| | |
|---|---|
| 鳳梨 | 約半顆 |
| 細砂糖 | 40g |
| 無鹽奶油 | 30g |

■ **焦糖香蕉**

| | |
|---|---|
| 酒漬櫻桃 | 7顆 |

*Deco idea*
**裝飾靈感**

*Step 1*
以水果片、水果粒烘烤後的原色當底：焦糖鳳梨要煎得焦香上色，烘烤後才能產生顏色上的反差、以對比蛋糕本體。

*Step 2*
用綠色香草妝點增色

## How to do

做法

**【焦糖鳳梨】**

1 將鳳梨去皮，切成0.8-1cm的圓片，一共取4片。

2 用6.5cm的壓模將鳳梨片外圍修飾成工整的圓形。

3 再取2.5cm的壓模，去除鳳梨心。

4 加熱平底鍋後，放入無鹽奶油至融化，再倒細砂糖稍微拌炒。放入鳳梨片，以中火慢慢煎至表面略焦上色，即可取出，煎香期間可適時翻面。

5 將其中3片焦糖鳳梨片切半，並鋪排在模具中，並擺上酒漬櫻桃，備用。

**【檸檬橙香磅蛋糕體】**

6 請參考149頁起「磅蛋糕製作」完成步驟1-6。於步驟2時，加入檸檬皮末一起打發，步驟6以橙酒取代鮮奶。

7 將步驟6的麵糊倒入步驟5中。

8 請參考151頁「磅蛋糕製作」完成步驟7-9即可。

# 花漾檸檬奶餡磅蛋糕
### Rosette Lemon Cake

滿滿的玫瑰擠花,讓蛋糕好似一朵潔淨白皙洋溢幸福的新娘捧花,
善用充滿幸福感的玫瑰擠花讓節日、贈禮、分享的蛋糕話題十足。

## Prepare

### 準備器具
- 6吋圓形模
- 電動攪拌機
- 調理盆
- 刮刀
- 耐熱容器
- 鍋子
- 星型花嘴（三能SN7074）

### 烤箱溫度
170℃

### 食材

**■ 檸檬磅蛋糕體**

| | |
|---|---|
| 無鹽奶油 | 100g |
| 細砂糖 | 100g |
| 檸檬皮末 | 1/3-1/2顆 |
| 常溫雞蛋 | 2顆 |
| 低筋麵粉 | 100g |
| 無鋁泡打粉 | 1小匙 |
| 檸檬汁 | 1大匙 |

**■ 香緹鮮奶油**

| | |
|---|---|
| 鮮奶油 | 200g |
| 細砂糖 | 20g |
| 橙酒 | 1/2小匙 |

**■ 檸檬凝乳**

| | |
|---|---|
| 雞蛋 | 50g |
| 細砂糖 | 50-70g（視檸檬酸度調整） |
| 檸檬汁 | 50g |
| 無鹽奶油 | 25g |

**■ 裝飾**

| | |
|---|---|
| 糖珠 | 適量 |

*Deco idea* 裝飾靈感

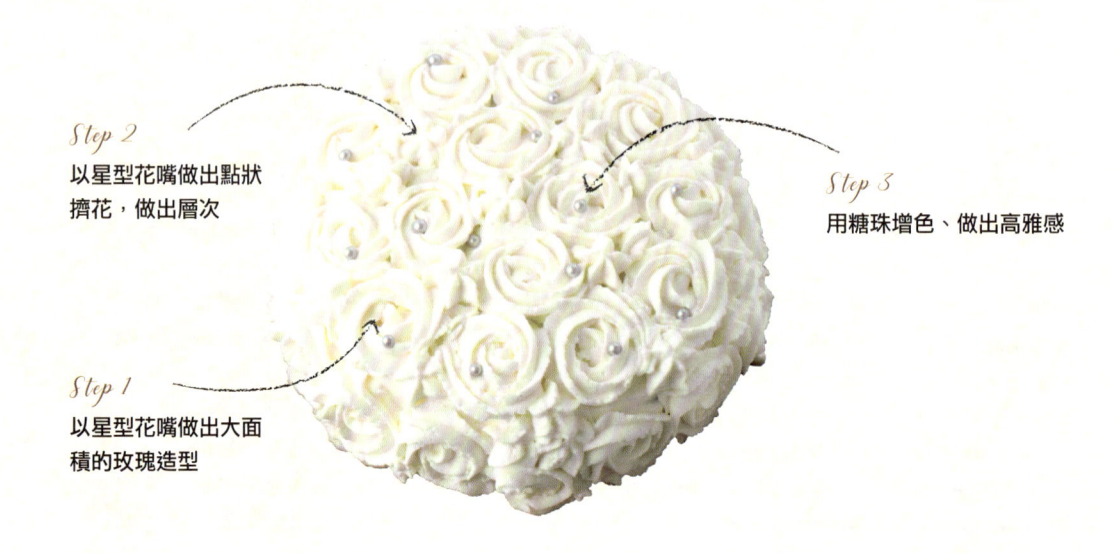

**Step 1** 以星型花嘴做出大面積的玫瑰造型

**Step 2** 以星型花嘴做出點狀擠花，做出層次

**Step 3** 用糖珠增色、做出高雅感

## How to do

### 做法

**【檸檬磅蛋糕體】**

1　請參考149頁起「磅蛋糕製作」完成一顆磅蛋糕。於步驟2時，加入檸檬皮末一起打發，步驟6以檸檬汁取代鮮奶。

**【香緹鮮奶油】**

2　請參考33頁「鮮奶油風味變化」完成香緹鮮奶油，並打至6-7分發。

**【檸檬凝乳】**

3　請參考36頁完成檸檬凝乳，並取50-60g左右。

**【裝飾】**

4　將蛋糕橫切一半。

5　取蛋糕底片，適量塗上步驟3的檸檬凝乳。

6　將蛋糕頂部輕輕覆蓋上。

7　請參考44頁「鮮奶油霜塗抹方式」，先依步驟1-6完成鮮奶油霜打底。

8　將剩餘的香緹鮮奶油打至8-9分發。

9　請參考39頁「擠花袋使用方式」填入香緹鮮奶油，再用42頁的星型花嘴擠花法做出玫瑰造型，在整顆蛋糕表面擠上玫瑰花。

*Point*　先從側面擠滿玫瑰花，再移至頂部，接著從外圍開始，一圈一圈往內部擠滿。每朵玫瑰花間難免有空隙，可用42頁的星型花嘴擠花法，以點狀補滿。

10　最後，隨意撒上裝飾糖珠即完成。

| 5 | 7-1 | 7-2 |
| 9-1 | 9-2 | 9-3 |

# 白巧克力紅茶磅蛋糕
## Black Tea Cupcake

利用巧克力製作飾片為鮮奶油杯子蛋糕做裝飾,
隨自己的喜好挑選、嘗試多樣的壓模形狀,
不僅讓成品更有變化、視覺上也活潑了起來。

## Prepare

**準備器具**
- 6連馬芬模
- 電動攪拌機
- 調理盆
- 刮刀
- 烤盤
- 耐熱容器
- 星型花嘴（三能 SN7102）

**烤箱溫度**
170℃

**食材**

■ 紅茶杯子蛋糕體
| 無鹽奶油 | 90g |
| 細砂糖 | 72g |
| 常溫雞蛋 | 90g |
| 低筋麵粉 | 90g |
| 紅茶末 | 7g |
| 無鋁泡打粉 | 1小匙 |
| 鮮奶 | 25g |

■ 香緹鮮奶油
| 鮮奶油 | 180g |
| 細砂糖 | 18g |
| 蘭姆酒 | 1/2小匙 |

■ 白巧克力飾片
| 免調溫白巧克力 | 適量 |

■ 裝飾
| 紅茶末 | 適量 |

*Deco idea* 裝飾靈感

**Step 1** 以星型花嘴擠花一圈

**Step 2** 以紅茶末局部增色點綴

**Step 3** 活用造型飾片做主角

## How to do

做法

**【紅茶杯子蛋糕體】**

1  將馬芬模鋪上紙模。

2  請參考149頁起「磅蛋糕製作」完成步驟1-6。於步驟5時,連紅茶末一起拌入。

3  將步驟2的麵糊倒入模具中。約8分滿,於桌面輕敲2-3下,讓麵糊均勻填滿個角落。

4  送進預熱至170℃的烤箱烤15-20分鐘左右,只要以Cake tester(竹籤亦可)刺入時不會沾黏麵糊即為烤熟。

5  出爐後立即脫模並放在蛋糕冷卻架上至冷卻為止。

**【白巧克力飾片】**

6  將免調溫白巧克力隔水加熱至溶化,或用微波爐(500-600W)加熱,每10秒取出攪拌均勻至融化亦可。

*Point* 加熱免調溫巧克力時,勿超過40℃。

7  取一烤盤,翻到背面,鋪上烘焙紙,利用抹刀將融化的免調溫白巧克力抹成約0.2-0.3cm的片狀。

8  放冰箱冷藏至定型後,再用喜歡的壓模壓出巧克力飾片。

**【香緹鮮奶油】**

9  請參考33頁「鮮奶油風味變化」完成香緹鮮奶油,並打至8-9分發。

**【裝飾】**

10  請參考39頁「擠花袋使用方式」填入鮮奶油。

11  請參考42頁的星型花嘴擠花法,先從杯子蛋糕頂部的中間處開始擠,再慢慢往上,從大圈至小圈。

*Point* 若杯子蛋糕的頂部太爆裂而突起,可用刀子削去頂部,好讓蛋糕平坦些,也比較好擠花。

12  撒上紅茶末裝飾。

13  最後,以白巧克力飾片妝點。

# 蝴蝶翩翩杯子蛋糕
Butterfly Cupcake

利用杯子蛋糕的本體,立即就能做出簡單造型喔!
先將頂部突起的蛋糕切半,就能做出有如蝴蝶翩翩的翅膀,
讓杯子蛋糕變立體、變俏皮。

## Prepare

**準備器具**
- 6連馬芬模
- 電動攪拌機
- 調理盆
- 刮刀
- 星型花嘴（三能 SN7102）

**烤箱溫度**
170℃

**食材**

■ **香草杯子蛋糕體**
無鹽奶油 ……………… 90g
細砂糖 ………………… 72g
常溫雞蛋 ……………… 90g
低筋麵粉 ……………… 90g
無鋁泡打粉 …………… 1小匙
鮮奶 …………………… 25g
天然香草精（膏）…… 適量

■ **檸檬凝乳鮮奶油**
鮮奶油 ………………… 80g
檸檬凝乳 ……………… 40g

■ **裝飾**
防潮糖粉 ……………… 適量
裝飾糖珠 ……………… 適量

註：檸檬凝乳做法請見36頁

### Deco idea 裝飾靈感

**Step 1** 以星型花嘴擠花玫瑰造型

**Step 2** 用切半蛋糕做出蝴蝶翅膀

**Step 3** 以銀色糖珠局部點綴、增加華麗感

## How to do

### 做法

**【香草杯子蛋糕體】**

1　將馬芬模鋪上紙模。

2　請參考149頁起「磅蛋糕製作」完成步驟1-6,最後再拌入香草精(膏)。

3　將步驟2的麵糊倒入模具中。約8分滿,於桌面輕敲2-3下,讓麵糊均勻填滿個角落。

4　送進預熱至170℃的烤箱烤15-20分鐘左右,只要以Cake tester(竹籤亦可)刺入時不會沾黏麵糊即為烤熟。

5　出爐後立即脫模,並放在蛋糕冷卻架上至冷卻為止。

**【檸檬凝乳鮮奶油】**

6　請參考33頁「鮮奶油風味變化」完成檸檬凝乳鮮奶油,並打至8-9分發。

**【裝飾】**

7　將蛋糕頂部橫切一刀,切下的部分再對切。

8　請參考39頁「擠花袋使用方式」填入檸檬凝乳鮮奶油。

9　請參考42頁的星型花嘴擠花法,於杯子蛋糕中間處擠上一圈玫瑰擠花。

10　再將步驟7的蛋糕片,以對稱方式插入檸檬凝乳鮮奶油中。

11　最後,撒上防潮糖粉、裝飾糖珠裝飾。

# 柔粉雙莓杯子蛋糕
Strawberry and Cranberry Cupcake

柔柔粉粉的鮮奶油霜總是特別吸引人的目光，
再撒些豔紅的蔓越莓果乾做裝飾，就是人見人愛的小可愛了。

## Prepare

**準備器具**
- 6連馬芬模
- 電動攪拌機
- 調理盆
- 刮刀
- 烤盤
- 耐熱容器
- 星型花嘴（三能 SN7102）

**烤箱溫度**
170℃

**食材**

■ 蔓越莓杯子蛋糕體
| | |
|---|---|
| 無鹽奶油 | 90g |
| 細砂糖 | 72g |
| 常溫雞蛋 | 90g |
| 低筋麵粉 | 90g |
| 無鋁泡打粉 | 1小匙 |
| 蔓越莓汁 | 2大匙 |

■ 內餡
| | |
|---|---|
| 蔓越莓果乾 | 40g |
| 蔓越莓汁 | 40g |

■ 草莓鮮奶油
| | |
|---|---|
| 鮮奶油 | 180g |
| 細砂糖 | 18g |
| 天然草莓粉 | 4-8g |
| （視喜愛風味調整） | |

■ 裝飾
| | |
|---|---|
| 蔓越莓果乾 | 適量 |
| 防潮糖粉 | 適量 |

### Deco idea 裝飾靈感

**Step 1** 以星型花嘴擠花一圈

**Step 2** 用同色系果乾碎局部點綴

## How to do

做法

**【內餡】**
1　將蔓越莓果乾40g、蔓越莓汁40g拌合，放冰箱冷藏浸漬一晚，備用。

**【蔓越莓杯子蛋糕體】**
2　將馬芬模鋪上紙模。
3　請參考149頁起「磅蛋糕製作」完成步驟1-6，於步驟6時，以蔓越莓汁取代鮮奶，再加入步驟2的蔓越莓果乾（需瀝乾）略拌勻。
4　將步驟3的麵糊倒入模具中。約8分滿，於桌面輕敲2-3下，讓麵糊均勻填滿個角落。
5　送進預熱至170℃的烤箱烤15-20分鐘左右，只要以Cake tester（竹籤亦可）刺入時不會沾黏麵糊即為烤熟。
6　出爐後立即脫模，並放在蛋糕冷卻架上至冷卻為止。

**【草莓鮮奶油】**
7　請參考33頁「鮮奶油風味變化」完成草莓鮮奶油，並打至8-9分發。

**【裝飾】**
8　請參考39頁「擠花袋使用方式」填入草莓鮮奶油。
9　請參考42頁的星型花嘴擠花法，先從杯子蛋糕頂部的中間處開始擠，再慢慢往上，從大圈至小圈。

*Point*　若杯子蛋糕的頂部太爆裂而突起，可用刀子削去頂部，好讓蛋糕平坦些，也比較好擠花。
10　於蛋糕頂部裝飾一些蔓越莓乾。
11　最後，撒上防潮糖粉裝飾即完成。

# 覆盆子白巧瑪德蓮

Raspberry and White Chocolate Madeleine

貝殼瑪德蓮已很可愛了，我們再花點心思裝扮她，
抹上柔白巧克力、天然覆盆子碎的豔紅幫襯，
可愛度又立刻上昇好幾格。

## Prepare

**準備器具**
- 迷你瑪德蓮模
  （約4.5cm寬，12個）
- 調理盆
- 打蛋器
- 擠花袋
- 耐熱玻璃杯

**烤箱溫度**
180℃

**食材**

■ **原味磅蛋糕體**
| | |
|---|---|
| 雞蛋 | 40g |
| 細砂糖 | 40g |
| 鮮奶油 | 6g |
| 香草膏 | 適量 |
| 低筋麵粉 | 40g |
| 無鋁泡打粉 | 1g |
| 無鹽奶油 | 40g |

■ **裝飾**
| | |
|---|---|
| 白巧克力 | 適量 |
| 覆盆子碎 | 適量 |

### Deco idea 裝飾靈感

**Step 2**
以果乾碎局部點綴增色：
除了覆盆子碎，亦可將蔓
越莓果乾剪碎來取代

**Step 1**
沾裹白巧克力做出層次

## How to do

### 做法
**【原味磅蛋糕體】**

1 若瑪德蓮模不是防黏的,請先幫貝殼模抹上份量外的奶油,輕撒一層高筋麵粉後,再抖掉多餘麵粉,即可形成防黏層。另外將無鹽奶油隔水加熱至融化備用。

2 先攪拌雞蛋與砂糖,至砂糖融化(即鍋底摸不到砂糖的顆粒感)。

3 依序加入鮮奶油、香草膏、過篩低筋麵粉及泡打粉,最後再加入融化的無鹽奶油攪拌至絲滑狀後,放冰箱冷藏一晚。

*Point* 靜置一晚讓所有材料融合,風味會更佳且蛋糕質地也更細緻;若趕時間的話,最少也要靜置1個小時喔。

4 從冰箱取出麵糊,先放室溫回溫15-20分鐘再使用。

5 將麵糊裝入擠花袋,剪一個小洞,擠入瑪德蓮模約9分滿,再送進預熱至180℃的烤箱烘烤10-12分鐘左右,至中央突起、貝殼邊緣上色,只要以Cake tester(竹籤亦可)刺入時不會沾黏麵糊即可出爐。

6 剛出爐的瑪德蓮請連同烤模放在冷卻架上,靜置2-3分鐘後,再脫模在冷卻架上待涼。

*Point* 剛出爐的瑪德蓮質地偏軟,若馬上脫模在冷卻架上,會讓冷卻架的條痕壓印在瑪德蓮上,會壞了可愛的貝殼外型喔,所以先靜置2-3分鐘,讓瑪德蓮稍降溫後再脫模。

**【裝飾】**

7 將白巧克力切小塊,放入耐熱杯中,以微波方式融化,備用。

*Point* 請以5-10秒為加熱單位,微波時可適時取出查看,若未融化的話,再加熱5-10秒(用隔水加熱方式融化亦可)。

8 將瑪德蓮的一角依序沾裹上融化的白巧克力。

9 趁巧克力尚未凝固前,撒上覆盆子碎裝飾。

# 巧克力奶酒瑪德蓮
## Chocolate and Cream Wine Madeleine

穿上一層晶亮巧克力外衣的瑪德蓮,
是不是讓人更想伸手拿來吃呢?為讓外型更加有變化,
花點巧思擠上巧克力線條,立即多了造型層次感。

# Prepare

**準備器具**
- 迷你瑪德蓮模
  （約4.5cm寬，12個）
- 調理盆
- 打蛋器
- 擠花袋
- 耐熱玻璃杯

**烤箱溫度**
180℃

**食材**

■ 巧克力奶酒磅蛋糕體
| | |
|---|---|
| 雞蛋 | 40g |
| 細砂糖 | 40g |
| 巧克力奶酒 | 6g |
| 低筋麵粉 | 34g |
| 無糖可可粉 | 6g |
| 無鋁泡打粉 | 1g |
| 無鹽奶油 | 40g |

■ 裝飾
| | |
|---|---|
| 苦甜巧克力 | 適量 |
| 牛奶巧克力 | 適量 |

*Deco idea*
裝飾靈感

**Step 2**
利用牛奶巧克力
畫線條

**Step 1**
沾裹巧克力
做出雙色層次

## How to do

做法

**【巧克力奶酒磅蛋糕體】**

1 若瑪德蓮模不是防黏的,請先幫貝殼模抹上份量外的奶油,輕撒一層高筋麵粉後,再抖掉多餘麵粉,即可形成防黏層。另外將無鹽奶油隔水加熱至融化備用。

2 先攪拌雞蛋與砂糖,至砂糖融化(即鍋底摸不到砂糖的顆粒感)。

3 依序加入奶酒、過篩的低筋麵粉、可可粉及泡打粉,最後再加入融化的無鹽奶油攪拌至絲滑狀後,放冰箱冷藏一晚。

*Point* 靜置一晚讓所有材料融合,風味會更佳且蛋糕質地也更細緻;若趕時間的話,最少也要靜置1個小時喔。

**【烘烤】**

4 從冰箱取出麵糊,先放室溫回溫15-20分鐘再使用。

5 將麵糊裝入擠花袋,剪一個小洞,擠入瑪德蓮模約9分滿,再送進預熱至180℃的烤箱烘烤10-12分鐘左右,至中央突起、貝殼邊緣上色,只要以Cake tester(竹籤亦可)刺入時不會沾黏麵糊即可出爐。

6 剛出爐的瑪德蓮請連同烤模放在冷卻架上,靜置2-3分鐘後,再脫模在冷卻架上待涼。

*Point 1* 剛出爐的瑪德蓮質地偏軟,若馬上脫模在冷卻架上,會讓冷卻架的條痕壓印在瑪德蓮上,會壞了可愛的貝殼外型喔,所以先靜置2-3分鐘,讓瑪德蓮稍降溫後再脫模。

**【裝飾】**

7 將苦甜巧克力將切小塊,放入耐熱杯中,以微波方式融化,備用。

*Point* 請以5-10秒為加熱單位,微波時可適時取出查看,若未融化的話,再加熱5-10秒(用隔水加熱方式融化亦可)。

8 將瑪德蓮的一角依序沾裹上已融化的苦甜巧克力。

9 將牛奶巧克力也比照步驟7的方式融化後,裝入三明治袋中再剪一個小洞,在瑪德蓮上畫上線條即完成。

高聳的瑪德蓮肚臍

6

7

8

9-1

9-2

# 森林莓果巧克力磅蛋糕
## Berry Fruit Pound Cake

善用模具做出討喜外觀也是裝飾的一種方式，
如此就可營造出不同的風格，
例如咕咕霍夫模就是一款很上相的模具。

## Prepare

**準備器具**
- mini 咕咕霍夫模
- 電動攪拌機
- 調理盆
- 刮刀
- 耐熱容器

**烤箱溫度**
170℃

**食材**

■ 櫻桃酒磅蛋糕體

| | |
|---|---|
| 無鹽奶油 | 75g |
| 細砂糖 | 60g |
| 常溫雞蛋 | 75g |
| 低筋麵粉 | 75g |
| 無鋁泡打粉 | 3/4 小匙 |
| 櫻桃酒 | 1.5 大匙 |

■ 酒漬蔓越莓乾

| | |
|---|---|
| 蔓越莓乾 | 30g |
| 櫻桃酒 | 30g |

■ 草莓巧克力

| | |
|---|---|
| 免調溫白巧克力 | 100g |
| 天然草莓粉 | 2-4 g |
| （視喜愛風味、顏色調整） | |

■ 裝飾

| | |
|---|---|
| 草莓乾 | 適量 |
| 蔓越莓乾 | 適量 |
| 開心果 | 適量 |
| 裝飾糖珠 | 適量 |

### Deco idea 裝飾靈感

**Step 1** 沾裹草莓巧克力做出層次

**Step 2** 用果乾、果實做主角裝飾

**Step 3** 最後用糖珠、堅果碎做細部點綴與增色

## How to do

### 做法

**【酒漬蔓越莓乾】**

1　先將酒漬蔓越莓乾的所有材料浸漬一晚,備用。

**【櫻桃酒磅蛋糕體】**

2　若咕咕霍夫模不是防黏的,請先幫模具抹上份量外的奶油,輕撒一層高筋麵粉後,再抖掉多餘麵粉,即可形成防黏層。

3　請參考149頁起「磅蛋糕製作」完成步驟1-6,步驟6以櫻桃酒取代鮮奶。最後將步驟2的酒漬蔓越莓乾瀝乾水分,放入麵糊並拌勻即可。

4　將步驟3麵糊倒入模具中約8分滿,於桌面輕敲2-3下,讓麵糊均勻填滿個角落。

5　送進預熱至170℃的烤箱烤15-20分鐘左右,只要以Cake tester(竹籤亦可)刺入時不會沾黏麵糊即可出爐。

6　出爐後立即脫模,並放在蛋糕冷卻架上至冷卻為止。

**【草莓巧克力】**

7　將切小塊白巧克力放入耐熱杯中,以微波方式融化。

*Point* 請以5-10秒為加熱單位,微波時可適時取出查看,若未融化,再加熱5-10秒(以隔水加熱方式融化亦可)。

8　倒入天然草莓粉拌勻。

**【裝飾】**

9　將蛋糕頂部浸入草莓巧克力中,提起後再靜置一下,以利滴落多餘的巧克力。

10　趁草莓巧克力尚未凝固前,擺上草莓乾、蔓越莓乾、開心果、糖珠裝飾。

*Point* 剩下的草莓巧克力可放冰箱冷藏,要用時再加熱融化即可。

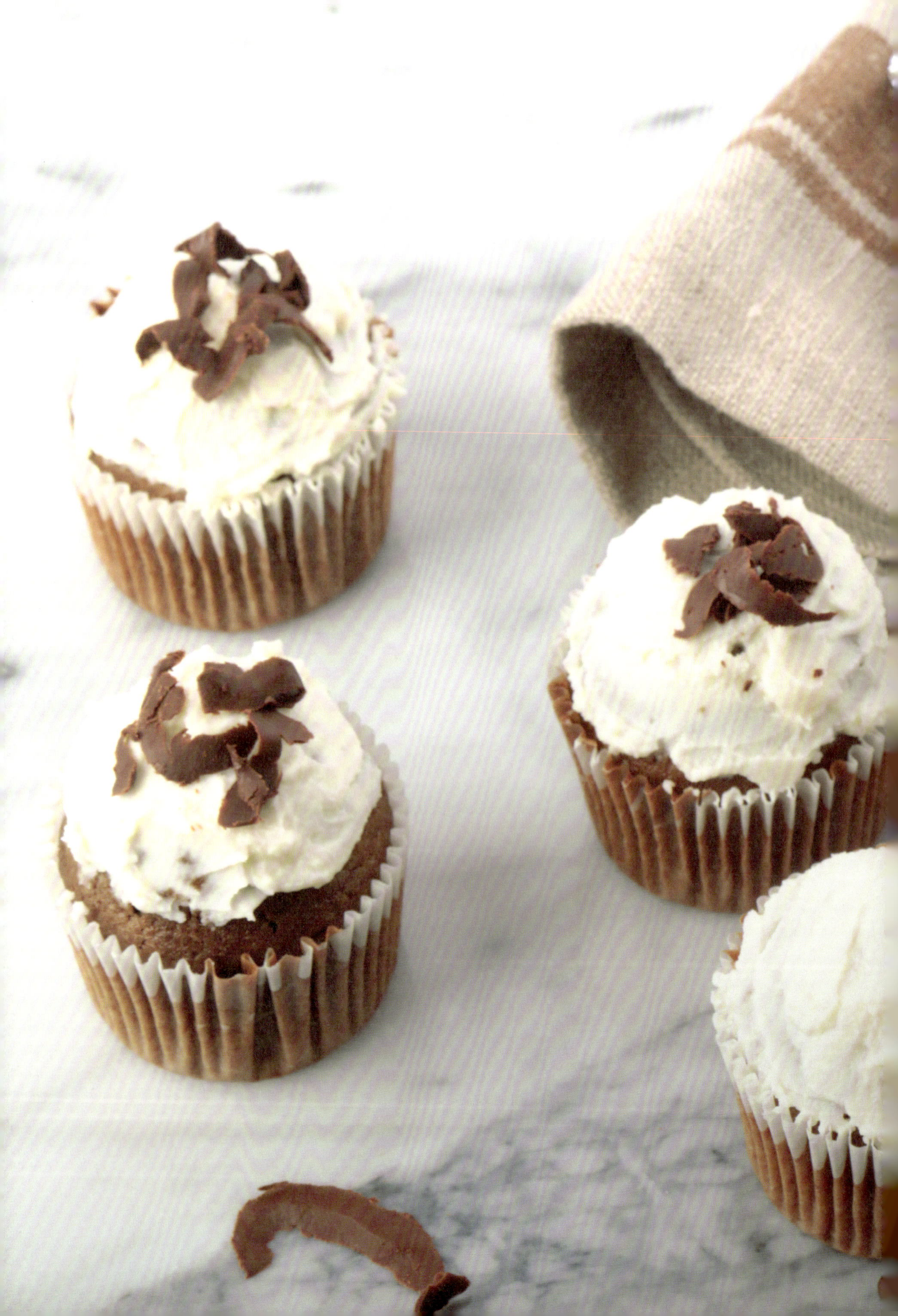

Part

4

## 喇喇就好的蛋糕
## 製作與裝飾

若手邊有幾道食譜是可以不用動腦,只要快速喇一喇、隨即丟進烤箱,一出爐的成功率又是100%,這樣玩烘焙是不是簡單許多呢?本篇章的食譜製作簡單且只要花幾分鐘美型一下,就可大方自信地端上桌,不論是招待客人或當成拜訪親友的伴手禮都很棒。

## Before Baking 1
# 3步驟完成！喇喇蛋糕裝飾

### Cake 01
**冰淇淋喇喇蛋糕**

裝飾靈感（188-190頁）
- 水果冰淇淋頂飾
- 用天然顏色變化冰淇淋口味

### Cake 04
**巧克力小熊喇喇蛋糕**

裝飾靈感（197-199頁）
- 圓孔花嘴擠花法
- 巧克力動物造型做法

### Cake 02
**抹茶喇喇蛋糕**

裝飾靈感（191-193頁）
- 星型花嘴擠花一圈
- 紅金配色頂飾

### Cake 05
**雙色藍莓喇喇蛋糕**

裝飾靈感（200-203頁）
- 雙色鮮奶油製作
- 星型花嘴擠花法
- 水果＆香草頂飾

### Cake 03
**椰香巧克力喇喇蛋糕**

裝飾靈感（194-196頁）
- 巧克力隨意抹面
- 椰子絲的圈狀裝飾

### Cake 06
**提拉米蘇喇喇蛋糕**

裝飾靈感（204-206頁）
- 奶餡隨意塗抹
- 不規則巧克力絲頂飾

## Cake 07
### 珍珠項鍊喇喇蛋糕

裝飾靈感（207-209頁）
- 糖霜隨意塗抹
- 糖珠圍一圈裝飾

## Cake 08
### 水果鮮奶油喇喇蛋糕

裝飾靈感（210-212頁）
- 鮮奶油塗抹技巧
- 用鋸齒刮板劃上線條
- 同色系水果綴飾

## Cake 09
### 抹茶巧克力喇喇蛋糕

裝飾靈感（213-215頁）
- 白巧克力隨意淋線條

# 冰淇淋喇喇蛋糕
## Ice Cream Muffin

這是一款夏天裡會很有人氣的一款蛋糕，
只要利用市售冰淇淋及喜愛的水果就能快速妝點蛋糕了，
不但省事也可以吃到時令水果的營養，還能依時令變化不同口味呢。

## Prepare

**準備器具**
- 6連馬芬模
- 調理盆
- 打蛋器
- 耐熱玻璃杯
- 冰淇淋勺

**烤箱溫度**
180℃

**食材**

■ 優格杯子蛋糕
- 常溫雞蛋 ……………… 60g
- 細砂糖 ………………… 60g
- 原味優格 ……………… 60g
- 低筋麵粉 ……………… 120g
- 無鋁泡打粉 …………… 4g
- 無鹽奶油 ……………… 60g

■ 裝飾
- 市售喜愛的冰淇淋 …… 適量
- 水果 …………………… 適量

*Deco idea*
裝飾靈感

*Step 1*
將水果與冰淇淋拌勻成雙色做頂飾，也可用別的莓果類；或你也可以變化杯子蛋糕體與同色系冰淇淋搭配

## How to do

### 做法

**【優格杯子蛋糕】**

1　在馬芬模中擺入耐熱紙模。無鹽奶油切小塊,以隔水加熱方式融化,備用。

2　在大碗中打散雞蛋,依序加入細砂糖、鮮奶,每加入一樣即攪拌均勻。

3　將低筋麵粉和泡打粉一起過篩加入,拌至無粉粒即可。

*Point* **不需過度攪拌,拌至看不見粉粒就好。**

4　倒入融化的無鹽奶油,也拌勻。

5　將完成的麵糊舀入馬芬模中,約8分滿。送進預熱至180℃的烤箱烤約20分鐘,以蛋糕探針刺入麵糊時不會沾黏,即可出爐。

6　取出蛋糕後,請立即放在置涼架上放涼。

**【裝飾】**

7　將市售冰淇淋放室溫下,待其變軟一點,或冷藏至可以略攪拌的程度,備用。

8　將水果略切成小塊,若水果本身顆粒不大的話可省略(如藍莓…等)。

*Point* **水果可以是新鮮或冷凍的,例如:覆盆子、藍莓、香蕉、草莓、鳳梨、奇異果…等。**

9　將步驟3的水果塊倒入步驟2的冰淇淋中略拌。再放冰箱冷凍、冰鎮至定型。

10　用冰淇淋勺舀取適量的水果冰淇淋,放在蛋糕頂部即完成。

*Point* **若蛋糕頂部太凸,不好擺放冰淇淋的話,先將蛋糕頂部略削平即可。**

# 抹茶喇喇蛋糕

Matcha Muffin

利用星型擠花擠出星型排列、繞成一圈，
再利用中間留白處填上蜜紅豆餡，這樣顏色就會很跳～
記得蜜紅豆餡可以儘量填高些，營造出豐富的視覺感。

## Prepare

**準備器具**
- 6連馬芬模
- 調理盆
- 打蛋器
- 耐熱玻璃杯
- 花嘴（三能SN7083）
- 擠花袋

**烤箱溫度**
180℃

**食材**

■ 抹茶杯子蛋糕

| 常溫雞蛋 | 60g |
| 細砂糖 | 60g |
| 鮮奶 | 60g |
| 低筋麵粉 | 120g |
| 抹茶粉 | 7g |
| 無鋁泡打粉 | 4g |
| 無鹽奶油 | 60g |

■ 抹茶鮮奶油

| 鮮奶油 | 50g |
| 砂糖 | 5g |
| 抹茶粉 | 2g |

■ 裝飾

| 蜜紅豆 | 適量 |
| 食用金箔 | 適量 |
| | （可省略） |

*Deco idea*
裝飾靈感

*Step 1*
以星型花嘴擠花一圈

*Step 2*
用紅豆餡堆疊，再加一點點金箔做出紅金配色頂飾

# How to do

## 做法

**【抹茶杯子蛋糕】**

1　請參考188頁起「冰淇淋喇喇蛋糕」步驟1-6完成杯子蛋糕體。於步驟3時，將抹茶粉與低筋麵粉、泡打粉一起過篩拌入。

**【抹茶鮮奶油】**

2　請參考33頁「鮮奶油風味變化」完成抹茶鮮奶油，並打至8-9分發。

3　請參考39頁「擠花袋使用方式」填入抹茶鮮奶油。

**【裝飾】**

4　請參考41頁「常用花嘴手勢」的星型花嘴擠花法，沿著杯子蛋糕頂部外圍擠一圈。

5　最後，將蜜紅豆擺在中間處，再輕放一小片金箔裝飾即完成。

4-1　　4-2

5-1　　5-2

## 椰香巧克力喇喇蛋糕
### Coconut and Chocolate Muffin

如果你真的、真的沒時間打奶餡,那Betty提供一個最省時的方法:
用市售的Nutella榛果巧克力醬來當奶醬使用吧!
它濃郁的風味不論是搭配巧克力蛋糕或咖啡蛋糕都很適合。

## Prepare

**準備器具**
- 6連馬芬模
- 調理盆
- 打蛋器
- 耐熱玻璃杯
- 抹刀

**烤箱溫度**
180℃

**食材**

■ 巧克力杯子蛋糕

| | |
|---|---|
| 常溫雞蛋 | 60g |
| 細砂糖 | 60g |
| 鮮奶 | 60g |
| 低筋麵粉 | 105g |
| 無糖可可粉 | 15g |
| 無鋁泡打粉 | 4g |
| 無鹽奶油 | 60g |

■ 裝飾

| | |
|---|---|
| Nutella榛果巧克力 | 適量 |
| 椰子粉 | 適量 |

### Deco idea 裝飾靈感

**Step 1** 巧克力隨意抹面

**Step 2** 椰子絲的圈狀裝飾

## How to do

做法

**【巧克力杯子蛋糕】**

1 請參考188頁起「冰淇淋喇喇蛋糕」步驟1-6完成杯子蛋糕體。於步驟3時,將無糖可可粉與低筋麵粉、泡打粉一起篩入。

**【裝飾】**

2 用抹刀舀取適量的Nutella榛果巧克力,隨意地塗抹在蛋糕頂部。

3 抓取椰子絲,沿著蛋糕外緣均勻地貼上一圈即可。

2-1

2-2

3

# 巧克力小熊喇喇蛋糕
Chocolate Bear Muffin

可愛又精巧的矽膠模操作容易,更是妝點蛋糕的好工具,
尤其是動物造型,例如:小熊、狗狗、貓咪…等,
更是騙小孩的無敵神器,包準一上桌立刻引來一陣驚嘆聲呢!

# Prepare

**準備器具**
- 6連馬芬模
- 調理盆
- 打蛋器
- 刮刀
- 耐熱玻璃杯
- 動物造型矽膠模
- 花嘴（三能SN7064）

**烤箱溫度**
180℃

**食材**

■ **優格杯子蛋糕**

| | |
|---|---|
| 常溫雞蛋 | 60g |
| 細砂糖 | 60g |
| 原味優格 | 60g |
| 低筋麵粉 | 120g |
| 無鋁泡打粉 | 4g |
| 無鹽奶油 | 60g |

■ **香緹鮮奶油**

| | |
|---|---|
| 鮮奶油蛋 | 150g |
| 細砂糖蛋 | 15g |
| 蘭姆酒蛋 | 1/4小匙 |

■ **裝飾**

| | |
|---|---|
| 免調溫巧克力 | 適量 |

*Deco idea*
裝飾靈感

*Step 2*
圓孔花嘴擠花法

*Step 3*
用巧克力做出動物造型，市面上的矽膠模很多樣，可自行變換

## How to do

做法

**【優格杯子蛋糕】**

1　請參考188頁起「冰淇淋喇喇蛋糕」步驟1-6完成杯子蛋糕體。

**【巧克力小熊】**

2　將切小塊巧克力放入耐熱杯中,以微波方式融化,再倒入三明治袋中(或擠花袋)。

*Point*　微波時,請以5-10秒為加熱單位,適時取出查看,若未融化再加熱5-10秒(或用隔水加熱方式亦可)。

3　將動物造型矽膠模放在一烤盤上(或平盤),將步驟2裝有巧克力的三明治袋剪一小開口並灌入模中,再放冰箱冷藏至定型,定型後即可脫模。

*Point*　將矽膠膜放在平盤上,可減少移動時而讓巧克力流出。

**【香緹鮮奶油】**

4　請參考33頁「鮮奶油風味變化」完成香緹鮮奶油,並打至8-9分發。

**【裝飾】**

5　請參考39頁「擠花袋使用方式」填入香緹鮮奶油。

6　請參考41頁「常用花嘴與樣式」的圓孔花嘴擠花法,先從杯子蛋糕頂部的中間處開始擠,再慢慢往上、從大圈至小圈。

*Point*　若杯子蛋糕頂部太爆裂突起,可用刀子削去一些讓蛋糕平坦些,也比較好擠花。

7　最後,分別擺上一隻巧克力小熊即完成。

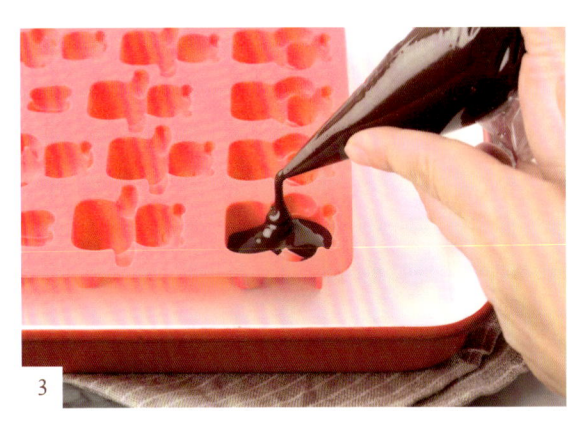

# 雙色藍莓喇喇蛋糕
## Double Flavor Muffin

利用果醬來調味鮮奶油，比化學色素更天然安心，
而且可以換用各種你手邊有的果醬。
食譜中示範了雙色鮮奶油霜做裝飾，當然，
你也可以再變化出三色、四色…等，要幾色有幾色呢！

# Prepare

**準備器具**
- 6連馬芬模
- 調理盆
- 打蛋器
- 耐熱玻璃杯
- 花嘴（三能SN7102）
- 擠花袋3個

**烤箱溫度**
180℃

**食材**

■ **優格杯子蛋糕**

| | |
|---|---|
| 常溫雞蛋 | 60g |
| 細砂糖 | 60g |
| 原味優格 | 60g |
| 低筋麵粉 | 120g |
| 無鋁泡打粉 | 4g |
| 無鹽奶油 | 60g |

■ **填餡**

| | |
|---|---|
| 藍莓果醬 | 適量 |

■ **裝飾**

**香緹鮮奶油**

| | |
|---|---|
| 鮮奶油 | 75g |
| 細砂糖 | 7g |

**藍莓鮮奶油**

| | |
|---|---|
| 鮮奶油 | 60g |
| 藍莓果醬 | 18-24g |
| （視喜愛甜度調整） | |
| 藍莓 | 適量 |

■ **裝飾**

| | |
|---|---|
| 防潮糖粉 | 適量 |
| 薄荷 | 適量 |

*Deco idea*
**裝飾靈感**

**Step 1** 雙色鮮奶油製作
**Step 2** 星型花嘴擠花法
**Step 3** 水果＆香草頂飾

## How to do

### 做法

**【優格杯子蛋糕】**

1　請參考188頁起「冰淇淋喇喇蛋糕」步驟1-6完成杯子蛋糕體。

**【填餡】**

2　用水果小刀於蛋糕頂部挖一小洞，再填入適量的藍莓果醬。

**【裝飾鮮奶油】**

3　請參考33頁「鮮奶油風味變化」完成香緹鮮奶油及藍莓鮮奶油，皆打至8-9分發。

**【裝飾】**

4　分別將香緹鮮奶油及藍莓鮮奶油填入擠花袋中，各剪一開口。

5　再取一個擠花袋，並參考39頁「擠花袋使用方式」步驟1-2裝入花嘴，再將步驟3的香緹鮮奶油及藍莓鮮奶油一同裝入。

6　請參考40頁「擠花袋使用方式」完成步驟4-6。

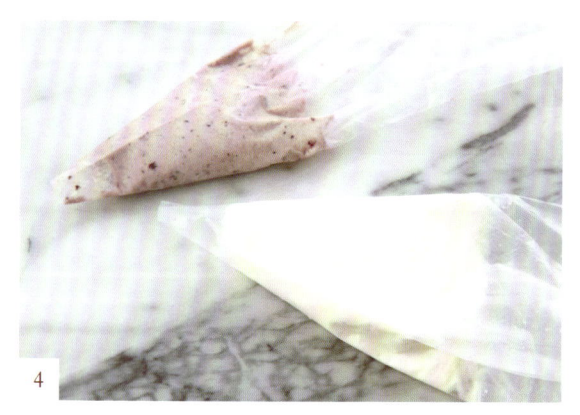

7 請參考41頁「常用花嘴與樣式」的星型花嘴擠花法,先從杯子蛋糕頂部的中間處開始擠,再慢慢往上、從大圈至小圈,擠出如霜淇淋狀的雙色鮮奶油。

*Point 1* 若杯子蛋糕頂部太爆裂突起,可用刀子削去一些讓蛋糕平坦些,也比較好擠花。

*Point 2* 建議在調理盆中先擠出一些鮮奶油試試,等確定是兩色鮮奶油能一同被擠出後,再開始在杯子蛋糕上擠花。

8 最後擺上薄荷葉、藍莓,撒上糖粉即完成。

7-1

7-2

8-1

8-2

# 提拉米蘇喇喇蛋糕
## Tiramisu Muffin

馬斯卡彭起司的柔滑質地，只要與砂糖或蜂蜜喇一喇，
就是一款充滿新鮮乳脂香氣的奶餡了～
加上在便利商店就能買的巧克力塊，還有家裡一定有的水果刨刀，
隨意刨些巧克力在蛋糕頂部裝飾，賣相立刻加分。

# Prepare

**準備器具**
- 6連馬芬模
- 調理盆
- 打蛋器
- 刮刀
- 耐熱玻璃杯
- 抹刀
- 水果刨刀

**烤箱溫度**
180℃

**食材**

■ 咖啡杯子蛋糕

| | |
|---|---|
| 常溫雞蛋 | 60g |
| 細砂糖 | 60g |
| 鮮奶 | 60g |
| 低筋麵粉 | 120g |
| 即溶咖啡粉 | 7g |
| 無鋁泡打粉 | 4g |
| 無鹽奶油 | 60g |

■ 起司奶油餡

| | |
|---|---|
| 馬斯卡彭起司 | 90g |
| 蜂蜜 | 10g |
| （視喜愛甜度調整） | |

■ 裝飾

市售巧克力塊 …… 適量

---

*Deco idea*
裝飾靈感

*Step 1*
奶餡隨意塗抹

*Step 2*
不規則巧克力絲頂飾

# How to do

### 做法

**【咖啡杯子蛋糕】**

1 將即溶咖啡粉與鮮奶倒入鍋中加熱,至咖啡粉融化後隨即熄火,便完成咖啡液,靜置至降溫備用。

2 請參考188頁起「冰淇淋喇喇蛋糕」步驟1-6完成杯子蛋糕體。並以步驟1的咖啡液來取代鮮奶。

**【起司奶油餡】**

3 將馬斯卡彭起司與蜂蜜一起拌勻至無顆粒,放冰箱冷藏,備用。

**【裝飾】**

4 用抹刀刮取適量的步驟3奶餡,隨意塗抹在蛋糕頂部。

5 用刨刀將市售巧克力塊刨絲,並隨意落在蛋糕頂部即完成。

# 珍珠項鍊喇喇蛋糕
Pearl Necklace Muffin

糖霜的材料很簡單,只有糖粉與檸檬汁兩項,
製作容易而且是裝飾蛋糕的快速好幫手。
此外再利用裝飾糖珠來加分,
這款杯子蛋糕是不是好像戴著一串潔白圓潤的珍珠項鍊呢?

## Prepare

**準備器具**
- 6連馬芬模
- 調理盆
- 打蛋器
- 耐熱玻璃杯

**烤箱溫度**
180℃

**食材**

■ **優格杯子蛋糕**
| | |
|---|---|
| 常溫雞蛋 | 60g |
| 細砂糖 | 60g |
| 原味優格 | 60g |
| 低筋麵粉 | 120g |
| 無鋁泡打粉 | 4g |
| 無鹽奶油 | 60g |
| 檸檬皮末 | 適量 |

■ **糖霜**
| | |
|---|---|
| 糖粉 | 98g |
| 檸檬汁 | 14g |

■ **裝飾**
| | |
|---|---|
| 裝飾糖珠 | 適量 |

### Deco idea 裝飾靈感

**Step 1** 糖霜隨意塗抹

**Step 2** 用白色糖珠圍一圈裝飾，與白色糖霜呼應；當然你也可以用別顏色糖珠

## How to do

### 做法

**【優格杯子蛋糕】**

1  請參考188頁起「冰淇淋喇喇蛋糕」步驟1-6完成杯子蛋糕體。

**【糖霜】**

2  將檸檬汁先預留一小匙，倒入糖粉中，慢慢攪拌至濃稠的程度，直到舀起糖霜呈現非常緩慢流下的狀態。若糖霜質地太濃稠，再慢慢加入剛才預留的檸檬汁調整稠度，倘若糖的質地過稀，則再加入一些些糖粉。

*Point*  調好的檸檬糖霜需儘快使用，不然請用保鮮膜包覆起來，因為接觸空氣後可是會慢慢變乾的。

**【裝飾】**

3  用湯匙舀起適量糖霜，均勻地塗抹在蛋糕頂部，並利用湯匙背面抹平。

4  最後，用裝飾糖珠沿著蛋糕圍一圈即完成。

# 水果鮮奶油喇喇蛋糕
## Fruit Cream Cake

除了杯子蛋糕的喇喇做法,改把麵糊倒入方形烤模中,
就能做出整塊蛋糕再做切分,變成小巧外型;另外再用水果、鮮奶油做簡單裝飾,
立刻就能變成很吸引目光的迷你甜點囉!

# Prepare

**準備器具**
- 20×20cm 方形烤模
- 調理盆
- 打蛋器
- 抹刀
- 刮刀
- 鋸齒刮板

**烤箱溫度**
180℃

**食材**

| | |
|---|---|
| 動物性鮮奶油 | 100g |
| 細砂糖 | 100g |
| 常溫雞蛋 | 100g |
| 低筋麵粉 | 100g |
| 無鋁泡打粉 | 1小匙 |
| 糖漬檸檬丁 | 40g |

**■ 草莓鮮奶油**

| | |
|---|---|
| 鮮奶油 | 70g |
| 草莓果醬 | 35g |

**■ 裝飾**

| | |
|---|---|
| 覆盆子 | 適量 |
| 覆盆子碎 | 適量 |

*Deco idea*
裝飾靈感

*Step 1*
鮮奶油塗抹技巧

*Step 2*
用鋸齒刮板劃上線條

*Step 3*
用同色系水果、果碎綴飾，做出大小層次

## How to do

**做法**

1 在烤模中鋪入烘焙紙。

2 將鮮奶油、砂糖倒入調理盆中,攪拌至砂糖融化,直到用手觸摸盆底摸不到砂糖顆粒為止。

3 依序將雞蛋、糖漬檸檬丁倒入步驟2拌勻。

*Point* 可至烘焙行購得糖漬檸檬丁,若沒有糖漬檸檬丁,也可刨些檸檬皮末代替。

4 加入過篩的低筋麵粉與泡打粉,用打蛋器拌至無粉粒即可。

*Point* 只要拌至無粉粒即可,不要過度攪拌至出筋,以免影響口感。

5 將步驟4的麵糊倒入烤模,放入預熱至180℃的烤箱烤15分鐘左右,並以蛋糕探針刺入無沾黏即可出爐。脫模後,放至蛋糕冷卻架上,至蛋糕稍降溫即可撕除烘焙紙,請確實冷卻後再裝飾。

【草莓鮮奶油】

6 請參考33頁「鮮奶油風味變化」完成草莓鮮奶油,並打至8-9分發。

【裝飾】

7 將草莓鮮奶油平鋪在冷卻的蛋糕頂部,並以刮刀抹平。

8 用鋸齒刮板輕輕地在草莓鮮奶油上劃過,即可劃上線條。

9 切除蛋糕四周,這樣切面會較工整,再依喜愛大小切出塊狀。

*Point* 切鮮奶油蛋糕時,蛋糕刀可先於瓦斯爐上加熱一會兒,再來切蛋糕,如此切面會較平整。每切一刀,就要將蛋糕刀擦拭乾淨,再重複加熱動作。

10 最後,擺上覆盆子、覆盆子碎裝飾即完成。

# 抹茶巧克力喇喇蛋糕
## Matcha and White Chocolate Cake

同樣是把麵糊倒入方形烤模中,並做出整塊蛋糕的方式,
再隨意淋上手邊現有的巧克力,以不規則線條裝飾,
讓原本樸實的蛋糕,也能有小時尚的感覺。

## Prepare

**準備器具**
- 20*20cm 方形烤模
- 調理盆
- 打蛋器

**烤箱溫度**
180℃

**食材**
動物性鮮奶油 ············ 150g
細砂糖 ················· 150g
常溫雞蛋 ··············· 150g
低筋麵粉 ··············· 150g
抹茶粉 ················· 10g
無鋁泡打粉 ············ 1.5小匙

■ **裝飾**
免調溫白巧克力 ········ 適量

*Deco idea*
裝飾靈感

*Step 1*
用白巧克力隨意淋線條，
這樣切開時就會每塊蛋糕
圖案都不同

## How to do

**做法**

1 請參考210頁起的「水果鮮奶油喇喇蛋糕」的步驟1-5完成蛋糕。於步驟4時,將抹茶粉、低筋麵粉、泡打粉一起過篩拌勻,放進預熱至180℃的烤箱烤20分鐘,並以蛋糕探針刺入無沾黏即可出爐。脫模後,放至蛋糕冷卻架上,至蛋糕稍降溫即可撕除烘焙紙,請確實冷卻後再裝飾。

**【裝飾】**

2 將白巧克力切小塊放入耐熱杯中,以微波方式融化,稍微拌勻。

*Point* 微波時,請以5-10秒為加熱單位,適時取出查看,若未融化再加熱5-10秒(或用隔水加熱方式亦可)。

3 拿隻小湯匙舀些步驟2的融化巧克力,隨意地淋在步驟1冷卻的蛋糕上,再放冰箱冷藏至巧克力定型。

4 最後,再依喜愛大小切出塊狀即完成。

## 附錄　甜點製作與素材查找表

| 類別 | 模具 | 品名 | 蛋糕體口味 | 裝飾主奶餡 | 裝飾奶餡口味 | 難易度 |
|---|---|---|---|---|---|---|
| 戚風蛋糕 | 6吋日式戚風 | 覆盆子鮮奶油戚風蛋糕 | 原味 | 鮮奶油 | 香緹鮮奶油 | 2 |
| | 8吋日式戚風 | 雪花抹茶戚風蛋糕 | 抹茶 | 糖粉 | 糖粉 | 1 |
| | 6吋日式戚風 | 雙色戚風蛋糕 | 蔓越莓、抹茶 | - | - | 2 |
| | 6吋日式戚風 | 白巧克力紅茶戚風蛋糕 | 紅茶 | 白巧克力 | 白巧克力 | 2 |
| | 6吋日式戚風 | 焦糖戚風杏桃蛋糕 | 焦糖 | 焦糖醬 | 焦糖醬 | 1 |
| | 6吋日式戚風 | 堅果楓糖戚風蛋糕 | 楓糖 | 鮮奶油 | 楓糖鮮奶油 | 2 |
| | 6吋日式戚風 | 檸檬糖霜戚風蛋糕 | 檸檬 | 糖霜 | 檸檬糖霜 | 1 |
| | 6吋日式戚風 | 點金巧克力戚風蛋糕 | 巧克力 | 甘耐許 | 甘耐許 | 3 |
| | 4吋日式戚風 | 糖漬橙香戚風蛋糕 | 柳橙 | 鮮奶油 | 馬斯卡彭鮮奶油 | 2 |
| | 8吋波士頓派盤 | 點點藍莓波士頓派 | 原味 | 鮮奶油 | 香緹鮮奶油 | 3 |
| 海綿蛋糕 | 6吋圓模 | 夏日芒果鮮奶油蛋糕 | 原味 | 鮮奶油 | 鮮奶油 | 2 |
| | 6吋圓模 | 焦糖香蕉鮮奶油蛋糕 | 原味 | 鮮奶油 | 焦糖鮮奶油、焦糖香蕉 | 2 |
| | 6吋圓模 | 戀戀巧克力蛋糕 | 巧克力 | 甘耐許 | 甘耐許 | 3 |
| | 6吋圓模 | 粉紅莓果蛋糕 | 原味 | 鮮奶油 | 草莓鮮奶油 | 2 |
| | 6吋圓模 | 綠意哈密瓜鮮奶油蛋糕 | 原味 | 鮮奶油 | 香緹鮮奶油 | 2 |
| | 6吋圓模 | 蘋果花鮮奶油蛋糕 | 原味 | 鮮奶油 | 香緹鮮奶油、糖漬蘋果 | 3 |
| | 6連馬芬模或杯子蛋糕紙模 | 咖啡巧克力杯子蛋糕 | 咖啡 | 甘耐許 | 甘耐許 | 1 |
| | 瑞士卷 | 焦糖堅果瑞士卷 | 原味 | 鮮奶油 | 焦糖鮮奶油、堅果 | 2 |
| | 瑞士卷 | 芋泥瑞士卷 | 原味 | 鮮奶油 | 芋泥、香緹鮮奶油 | 3 |
| | 樹幹 | 烤杏仁黑糖蛋糕卷 | 黑糖 | 鮮奶油 | 黑糖鮮奶油 | 2 |
| | 樹幹 | 杏桃蜂蜜抹茶蛋糕 | 抹茶 | 鮮奶油 | 抹茶鮮奶油 | 3 |

| 類別 | 模具 | 品名 | 蛋糕體口味 | 裝飾主奶餡 | 裝飾奶餡口味 | 難易度 |
|---|---|---|---|---|---|---|
| 磅蛋糕 | 6吋圓模 | 維多利亞蛋糕 | 原味 | 鮮奶油 | 香緹鮮奶油 | 1 |
| | 6吋圓模 | 橙香起士蛋糕 | 柳橙 | 鮮奶油 | 馬斯卡彭鮮奶油 | 2 |
| | 6吋圓模 | 鳳梨翻轉蛋糕 | 焦糖鳳梨 | 焦糖醬 | - | 2 |
| | 6吋圓模 | 花漾檸檬奶餡磅蛋糕 | 檸檬 | 凝乳\鮮奶油 | 檸檬凝乳、香緹鮮奶油 | 3 |
| | 6連馬芬模或杯子蛋糕紙模 | 白巧克力紅茶磅蛋糕 | 伯爵 | 鮮奶油 | 香緹鮮奶油 | 2 |
| | 6連馬芬模或杯子蛋糕紙模 | 蝴蝶翩翩杯子蛋糕 | 香草 | 鮮奶油 | 檸檬凝乳鮮奶油 | 2 |
| | 6連馬芬模或杯子蛋糕紙模 | 柔粉雙莓杯子蛋糕 | 蔓越莓 | 鮮奶油 | 草莓鮮奶油 | 2 |
| | 瑪德蓮 | 覆盆子白巧瑪德蓮 | 原味 | 白巧克力 | 白巧克力 | 1 |
| | 瑪德蓮 | 巧克力奶酒瑪德蓮 | 可可 | 巧克力 | 巧克力 | 1 |
| | 咕咕霍夫 | 森林莓果巧克力磅蛋糕 | 蔓越莓 | 巧克力 | 草莓巧克力 | 2 |
| 喇喇蛋糕 | 6連馬芬模或杯子蛋糕紙模 | 冰淇淋喇喇蛋糕 | 原味 | 冰淇淋 | 加水果變化市售冰淇淋口味 | 1 |
| | 6連馬芬模或杯子蛋糕紙模 | 抹茶喇喇蛋糕 | 抹茶 | 鮮奶油 | 抹茶鮮奶油 | 2 |
| | 6連馬芬模或杯子蛋糕紙模 | 椰香巧克力喇喇蛋糕 | 巧克力 | nutella | nutella | 1 |
| | 6連馬芬模或杯子蛋糕紙模 | 巧克力小熊喇喇蛋糕 | 原味 | 鮮奶油 | 香緹鮮奶油 | 2 |
| | 6連馬芬模或杯子蛋糕紙模 | 雙色藍莓喇喇蛋糕 | 原味 | 鮮奶油 | 藍莓雙色鮮奶油 | 3 |
| | 6連馬芬模或杯子蛋糕紙模 | 提拉米蘇喇喇蛋糕 | 咖啡 | 鮮奶油 | 起士乳酪餡 | 1 |
| | 6連馬芬模或杯子蛋糕紙模 | 珍珠項鍊喇喇蛋糕 | 香草 | 糖霜 | 糖霜 | 2 |
| | 平盤 | 水果鮮奶油喇喇蛋糕 | 檸檬 | 鮮奶油 | 草莓鮮奶油 | 1 |
| | 平盤 | 抹茶巧克力喇喇蛋糕 | 抹茶 | 白巧克力 | 白巧克力 | 1 |

# 結語・裝飾心得小提點

行筆至此，最後Betty再將一些家庭手作裝飾蛋糕的心得與大家分享，因為其實裝飾蛋糕的靈感就在日常生活中呢～

**1 嘗試植栽香草植物**
在自家陽台、庭院若能植栽一些香草植物是最好的，不僅烘焙時能增添風味，更是妝點蛋糕時的好幫手，一來自家種植無農藥、是最天然的，二來需要香草時，只要帶把剪刀走至陽台、庭院，隨時垂手可得，既經濟又實惠。適合台灣氣候植栽的香草有薄荷、迷迭香、百里香、羅勒…等。

**2 裝飾物必須是能吃的**
強烈建議蛋糕上的裝飾物必須是能吃的，不要為了「裝飾」，而擺上一些不能吃的塑膠製品…等。

**3 裝飾物與蛋糕風味儘量契合**
妝點蛋糕是有趣的、也是個人美感的呈現，但是使用的素材請儘量與蛋糕的風味契合，或是相近的屬性，例如：堅果蛋糕則擺上堅果裝飾，柳橙蛋糕則擺上橙片…等等。這樣品嘗的人一看到蛋糕上的食材，即能聯想到蛋糕風味，甚至是內容物的口味…等，這樣才不會予人錯愕或是誤導的感覺。

**4 裝飾物化繁為簡，重點是蛋糕本身的風味**
最後回到重點，裝飾確實能幫蛋糕的美感加分，但是重點依舊是蛋糕主體。大家務必先重視蛋糕本身的風味與口感，先做出成功的蛋糕後，再把心思放在妝點上，因為烤出好吃又成功的蛋糕，妝點起來才會更有成就感，捧在手心上，連自己都會讚嘆是個內在、外在都是成功的好作品啊。

### 5 多觀摩別人的作品

大部分的創作都是從模擬開始,再漸漸走出自己的風格,所以建議大家平時多細心觀察烘焙達人、老師、店家、國內外網站…的蛋糕裝飾作品,看多了、做多了,就能內斂成自己的風格喔。

### 6 水果類蛋糕的裝飾注意

我想應該沒人能拒絕蛋糕上面鋪了滿滿的水果吧,不僅視覺上豐富,更叫人口水直流～但是,水果切塊、切丁擺上蛋糕後,若沒有馬上吃,或是隔個一天,在冰箱冷藏期間就會不斷失去水分,而變得乾乾無亮澤。也因此一般市面上的蛋糕在裝飾完水果後,會刷上一層鏡面果膠,而這鏡面果膠含了防腐劑及人工添加劑…等,在我們的居家烘焙上著實不建議使用,Betty在此提供一個配方,讓大家的水果蛋糕也能「Bling Bling」,而且新鮮又漂亮。

1 先將16g細砂糖、2.5g吉利T拌勻,再倒入80g冷開水中,然後倒入小鍋中煮至小沸騰即熄火,待溫度降至微溫後,即可刷在水果上。
2 裝飾用剩下的部分,可放冰箱冷藏保存個幾天,要用時,直接加熱或微波至融化,再靜待降溫即可再度使用。

比方,在書中的蘋果花鮮奶油蛋糕、夏日芒果鮮奶油蛋糕就可用上,但若馬上要食用蛋糕的話,則可省略這步驟;但若是隔天食用或要送人,這個方法即可取代市售不健康的鏡面果膠。

# DAILY KITCHEN
## 日常煮食

# 廚藝 課程

為日常，加一些好煮食

www.heartcafe.com.tw
台北市大安區金山南路二段185巷14號
(02)2397-3793

這裡是「以食會友」的分享平台，憑藉舒適空間、輕鬆氛圍與完善設備，演繹著多國料理的風味饗宴。

我們集結各領域擅場的老師，用細膩刀功、真誠火候，佐以笑聲調味，讓廚藝與廚易完美對接。

不論妳的日常是主管、上班族或全職媽媽…，都可以來到這，透過眼觀、手做、味噌的五感體驗，滿足以料理舒壓、療癒或分享的所有期望值。

為日常，煮異國料理，食世界美味，歡迎來場美麗邂逅。

## 幸福家庭用康寧
# 美好的烘培時光 有康寧

**Baker's Secret** | **pyrex**

康寧餐具年度代言人 袁詠儀

康寧餐具年度代言人 張智霖

WORLD KITCHEN 康寧餐具

f 康寧餐具 World Kitchen Taiwan

樂食Santé05

# 蛋糕小時尚！
3步驟讓家常蛋糕很上相的裝飾靈感

| | |
|---|---|
| 作者 | Sweet Betty 西點沙龍 |
| 主編 | 蕭歆儀 |
| 特約攝影 | 王正毅 |
| 封面與內頁設計 | TODAY STUDIO |
| 插畫繪製 | rabbit44 |
| 業務 | 廖建閔 |
| 社長 | 郭重興 |
| 發行人兼出版總監 | 曾大福 |
| 出版者 | 幸福文化 |
| 發行 | 遠足文化事業股份有限公司 |
| 地址 | 231 新北市新店區民權路108-2號9樓 |
| 電話 | （02）2218-1417 |
| 傳真 | （02）2218-8057 |
| 電郵 | service@bookrep.com.tw |
| 郵撥帳號 | 19504465 |
| 客服專線 | 0800-221-029 |
| 部落格 | http://777walkers.blogspot.com |
| 網址 | http://www.bookrep.com.tw |
| 法律顧問 | 華洋法律事務所 蘇文生律師 |
| 印製 | 凱林彩印股份有限公司 |
| 地址 | 台北市內湖區安康路106巷59號 |
| 電話 | （02）2794-5797 |

初版一刷　西元2017年10月
Printed in Taiwan 有著作權 侵害必究

國家圖書館出版品預行編目(CIP)資料

蛋糕小時尚！3步驟讓家常蛋糕很上相的裝飾靈感／
Sweet Betty 西點沙龍著. -- 初版. – 新北市：幸福文
化，遠足文化，2017.10
224面；19×26公分. --（Santé；5）
ISBN 978-986-95238-6-8（平裝）
1.烹飪

427.16　　　　　　　　　　　　　　106018066

*Dessert makes people happy.*